跟世界冠军一起玩

VEX GO

机器人搭建与编程

王昕　高俪娟◎主编

化学工业出版社

·北京·

内容简介

《跟世界冠军一起玩：VEX GO机器人搭建与编程》是一本专为儿童打造的趣味机器人图书。书中详细介绍了VEX GO机器人的产品特点、硬件组成、编程环境、编程技巧以及10个经典有趣的搭建案例，让孩子们在动手实践的过程中，轻松掌握VEX GO机器人搭建和编程的基本技能。此外，本书还介绍了VGOC竞赛的相关内容，鼓励孩子们挑战自我，展现创造力和团队协作能力，从而提升个人综合能力。

本书采用一步一图的方式，讲解全面，适合幼儿园和小学师生阅读使用，也适合科技馆、少年宫等机构作为培训参考。让我们一起走进VEX GO机器人的世界，收获快乐、知识和成长，成为未来的科技小巨人！

图书在版编目（CIP）数据

跟世界冠军一起玩：VEX GO机器人搭建与编程／王昕，高俪娟主编. 一北京：化学工业出版社，2024.5

ISBN 978-7-122-45315-0

Ⅰ.①跟… Ⅱ.①王…②高… Ⅲ.①机器人技术②机器人-程序设计 Ⅳ.①TP242

中国国家版本馆CIP数据核字（2024）第063043号

责任编辑：曾 越　　装帧设计：王晓宇
责任校对：宋 玮

出版发行：化学工业出版社
（北京市东城区青年湖南街13号 邮政编码100011）
印　　刷：北京云浩印刷有限责任公司
装　　订：三河市振勇印装有限公司
710mm×1000mm 1/16 印张10½ 字数150千字
2024年5月北京第1版第1次印刷

购书咨询：010-64518888　　售后服务：010-64518899
网　　址：http://www.cip.com.cn
凡购买本书，如有缺损质量问题，本社销售中心负责调换。

定　　价：79.80元　

前言

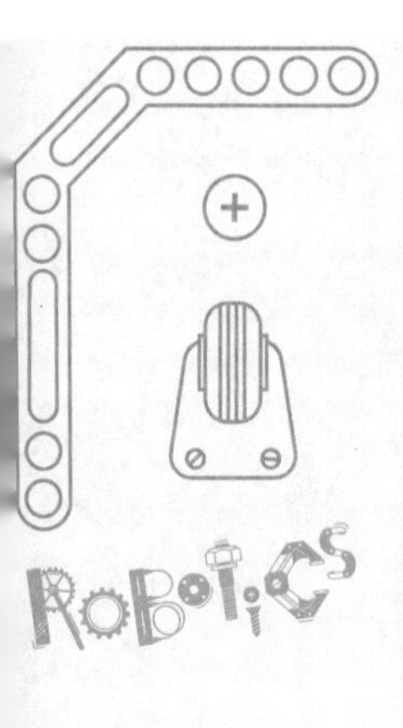

20世纪80年代，科学家们提出了STEAM教育的建议，旨在培养更多具备科学素养的创新型人才。STEAM教育是整合了科学、技术、工程、艺术和数学多领域知识的综合教育方式，它强调学科的融合性、多元性与包容性，希望打破学科领域的边界，同时培养儿童发现问题，并基于科学、技术、工程、数学解决问题的能力。STEAM教育实施特征是寓教于乐的核心学习方式，与游戏高度结合、应用导向、兴趣驱动。

选择一款合适的教具，是实施STEAM教育的重要环节。已经发展近20年的VEX系列教具是笔者在多年STEAM教育实践中应用最得心应手的。VEX属于机器人编程类教具，侧重工程素养和信息技术素养的培养，通过研究与实践应用数学、自然科学、社会学、计算机科学及通信技术等基础学科知识，达到改良机械、电机电子、仪器，完成加工步骤的设计与应用的目标，同时培养计算机编程思维。

2021年，VEX教具补足覆盖全学龄段的最后一个板块，VEX GO和VEX 123的面世给低龄段的教学带来便利条件。儿童早期的认知技能的培养是促进儿童心智发展的重要方法，通过触觉、视觉、听觉、味觉、嗅觉的刺激，帮助儿童发展和完善感官的使用，使他们耳聪目明，心灵手巧。儿童通过使用有趣的教具与其他人进行互动，从而巩固认知技能。VEX GO和VEX 123正是可以充分实现这些教学目标的教具。我们在教学实践中发现孩子天然地喜爱使用VEX教具，从静态

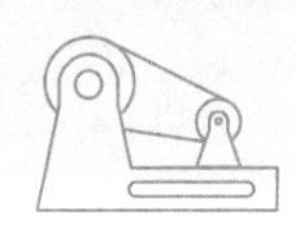

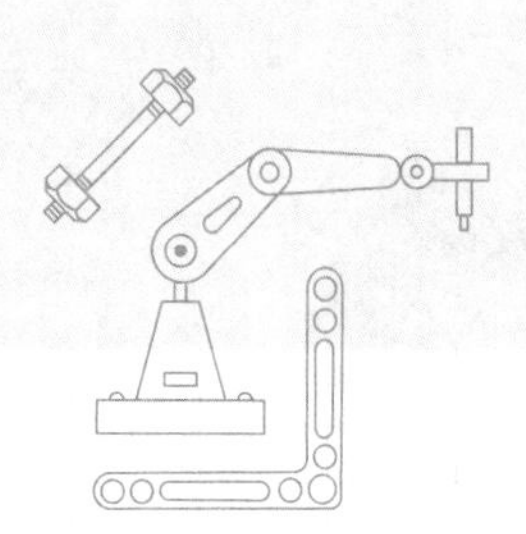

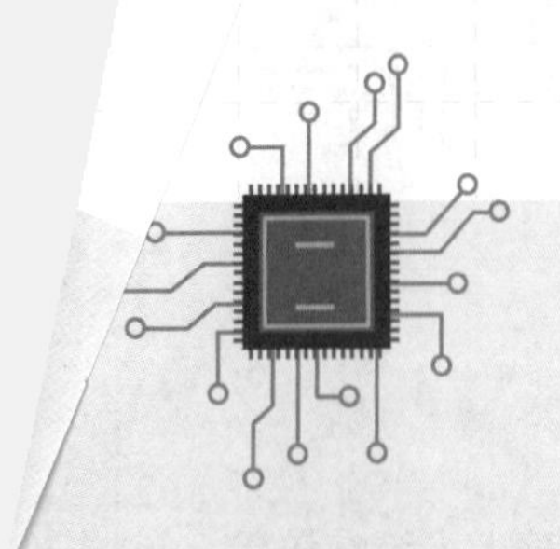

的搭建到动态的驱动，从具体的实物搭建到抽象的编程训练，VEX教具让孩子在轻松快乐的过程中与科学技术产生亲近感，建立学习自信心和成就感。我们为孩子们设置的课程得到了孩子们非常踊跃的配合，达到了令人惊喜的教学效果。

面对教育行业的环境变化，越来越多参与者把目光聚焦在教育科技方向，侧重工程教学的VEX更有了可以发展的契机。因此，我们把多年教学、竞赛总结提炼的经验在这里分享给热爱科技教育的同路人，愿和大家一起为培养更多的中国未来的科技人才尽份薄力。

本书共5章。第1章是VEX GO机器人基本情况介绍。第2章和第3章介绍VEX机器人的硬件和软件相关知识。第4章介绍VEX GO机器人经典案例，帮助读者了解和掌握VEX GO的搭建技巧和编程知识。第5章介绍了VGOC竞赛相关内容。此外，为了满足读者需求，本书额外赠送了VEX 123的教程，读者可扫描二维码下载阅读。

本书可以作为VEX GO机器人初学者用书、教师参考用书，也可以作为机器人竞赛选手参考用书。由于知识水平有限，书中难免有不妥之处，敬请读者批评指正。

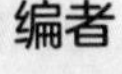

编者

目录

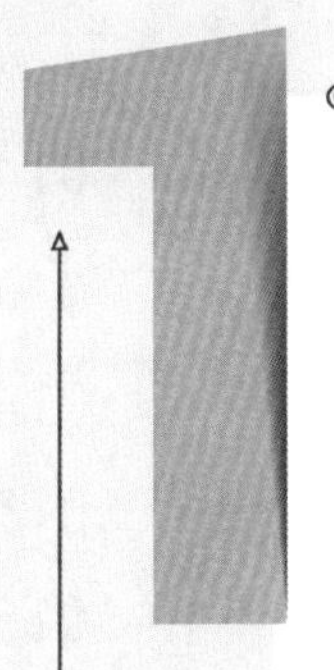

第1章
VEX GO机器人介绍

第2章
VEX GO机器人硬件

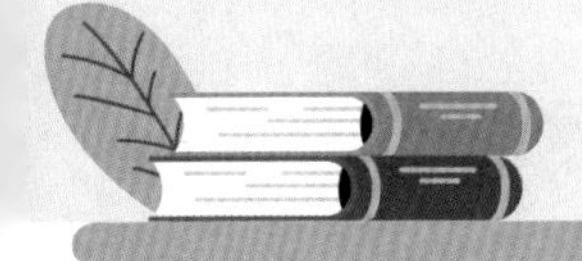

3

第3章

VEXcode GO编程

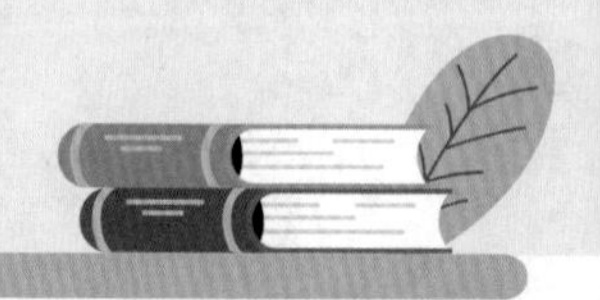

第4章

VEX GO案例

第5章

VGOC竞赛

电子书目录

亲爱的读者朋友，VEX 123是互动性高、可编程的机器人，它将计算机科学与计算思维应用到现实生活中，寓教于乐，非常适合4 ~ 7岁的孩子。特赠送以下电子书，有需求的读者可扫描本页二维码获取资源学习。

扫描二维码
获取电子书

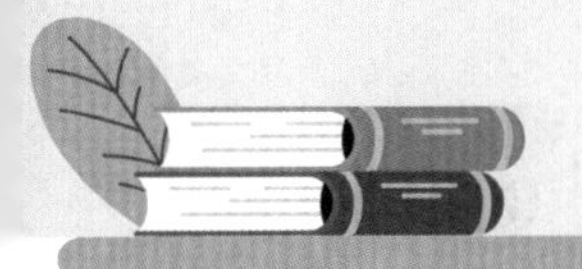

{CODING KIDS}

第1章
VEX GO机器人介绍

1.1 VEX GO机器人与STEM教育

STEM是科学（Science）、技术（Technology）、工程（Engineering）、数学（Mathematics）英文首字母的缩写，其中科学在于认识世界、解释自然界的客观规律；技术和工程则是在尊重自然规律的基础上改造世界，实现与自然界的和谐共处，解决社会发展过程中遇到的难题；数学则是技术与工程学科的基础工具。机器人及编程教育是培养青少年STEM素质的主要方式。

机器人教育是指通过设计、组装、编程、运行机器人，激发学生学习兴趣、培养学生综合能力。机器人融合了机械原理、电子传感器、计算机软硬件及人工智能等众多先进技术，为学生能力、素质的培养承载着新的使命。

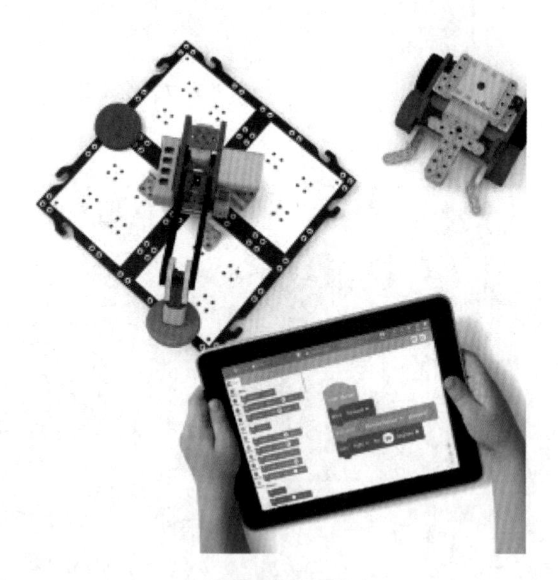

机器人及编程

在整个机器人学习及设计创造过程中，又不乏我们的审美和人文观点，所以艺术（Arts）也成为STEM教育中越来越突出的一环，又称为STEAM教育。

机器人技术让学生熟悉编程、传感器和自动化，锻炼批判性计算思维。

1.2 VEX GO机器人产品特点

VEX GO是一套性价比很高的搭建编程系统，适合5 ~ 9岁儿童，通过趣味十足的动手实践活动，引导孩子们学习STEAM知识。

VEX GO机器人产品

VEX GO具有以下特点：

① 易用性　设置简易，无须过多说明，开箱即学，适用于幼儿园和小学课堂。

② 易学性　一种基于Scratch Blocks的编程环境，快速轻松编码。VEXcode在Blocks、Python、C++以及整个VEX体系中具有一致性，小学、初中、高中每个阶段，不需要学习新的编码环境。

③ 创造性　顺应儿童的好奇心，鼓励发现和分享，打造创造空间，建立独特学习模式。

④ 激励性　趣味性强，手脑协同，团队合作，激发兴趣，提高参与度，完成积极的心理预期，获得现实世界的感知和体验。

{CODING KIDS}

第 2 章
VEX GO 机器人硬件

VEX GO机器人的硬件颜色鲜亮，可轻松识别，整理容易；端口易于辨识，减少坏损；材料环保，设计优化，安全耐用。

2.1 VEX GO结构零件

下面以VEX GO智能编程机器人超级套装为例介绍VEX GO用于搭建的结构零件组成及分类。

（1）直梁

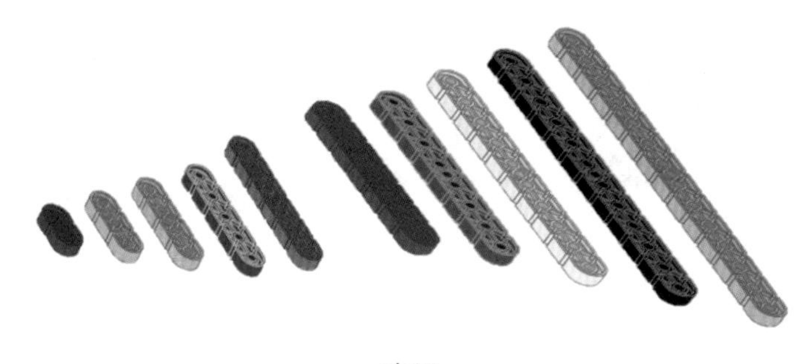

直梁

（2）宽直梁

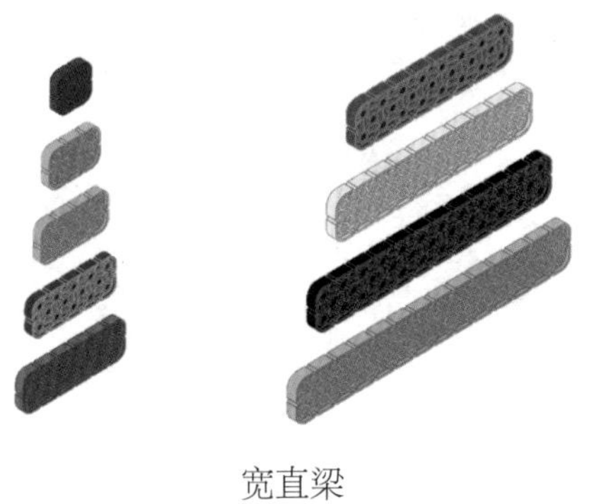

宽直梁

（3）弯梁

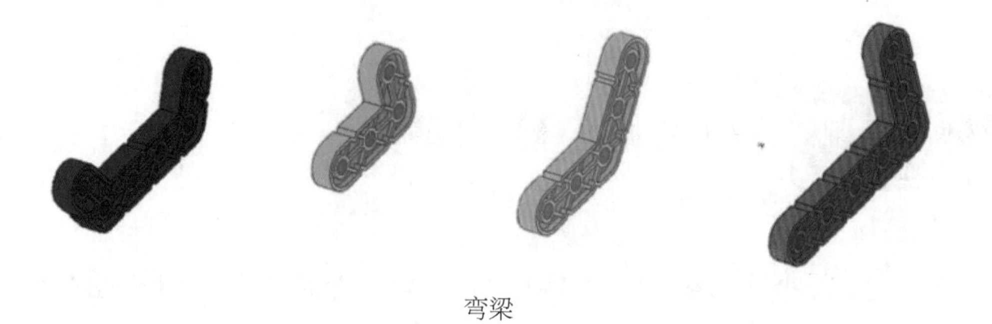

弯梁

（4）矩形块

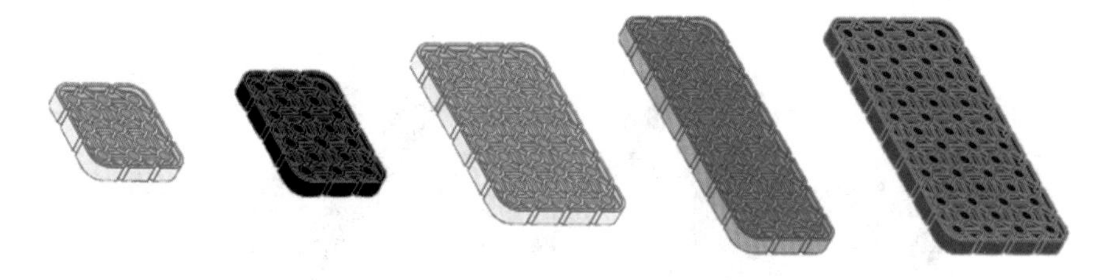

矩形块

（5）连接头

连接头

（6）销钉和支撑柱

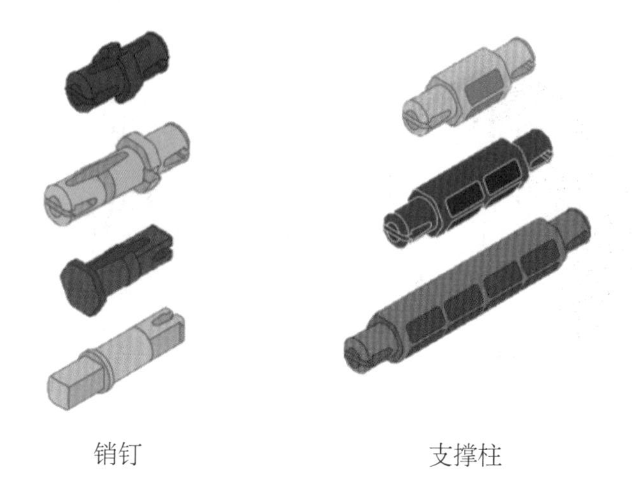

销钉　　　　支撑柱

（7）钢轴、轴箍、垫片

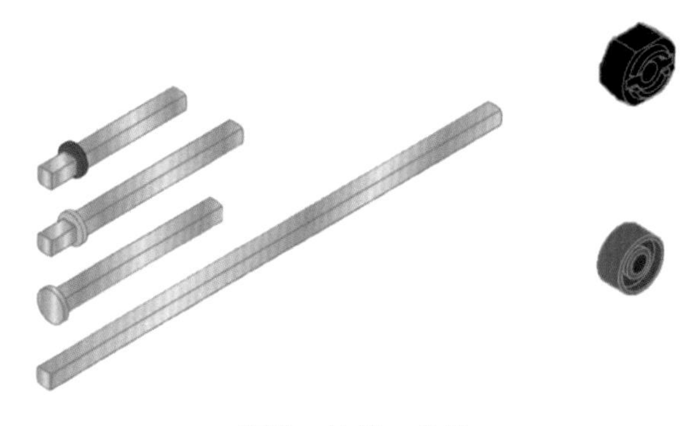

钢轴、轴箍、垫片

（8）齿轮和滑轮

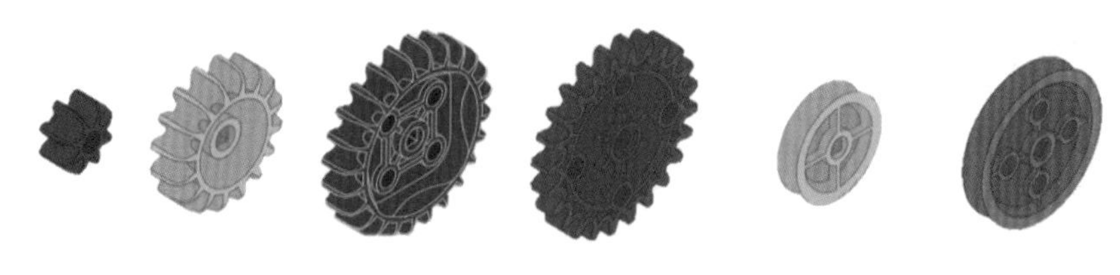

齿轮和滑轮

（9）车轮

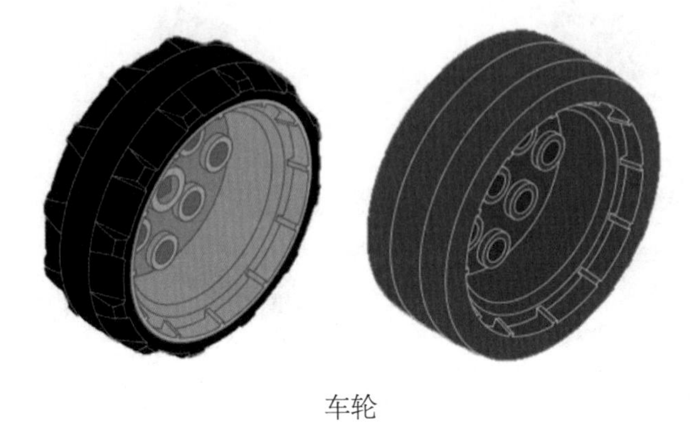

车轮

（10）特殊件

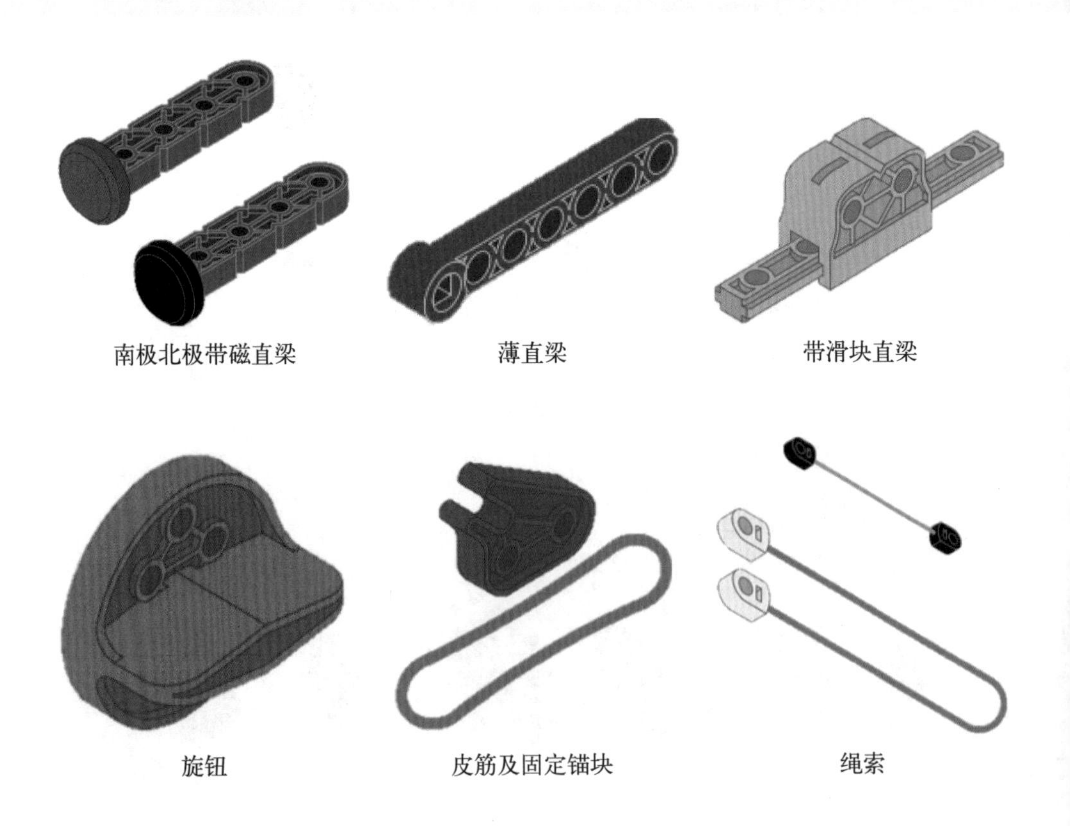

南极北极带磁直梁　薄直梁　带滑块直梁

旋钮　皮筋及固定锚块　绳索

（11）工具

销钉钳是一个可拔可推可撬，适合幼小儿童使用的辅助工具。

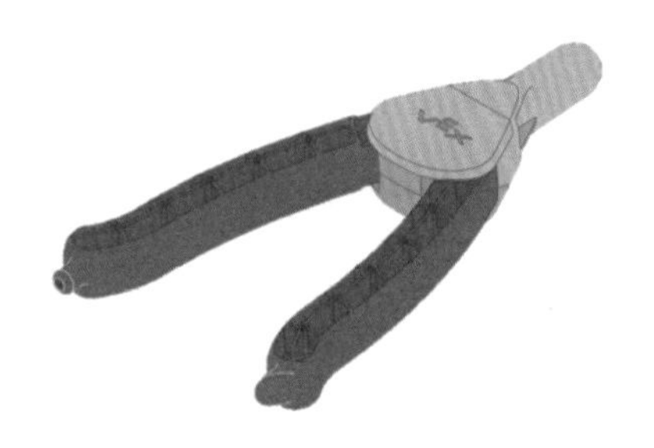

2.2 VEX GO电子控件

（1）VEX GO智能主控器

控制器是整个机器人运动的核心，通过它连接传感器以及执行器，并运行程序完成任务动作。

VEX GO主控器主要部分及其功能如下：

- 4个智能端口，可连接电机、LED碰触开关、电磁铁；
- 1个Eye传感器端口，连接GO Eye传感器；
- 1个电池端口，可连接GO电池；
- 通过蓝牙无线连接到运行VEXcode GO的设备。

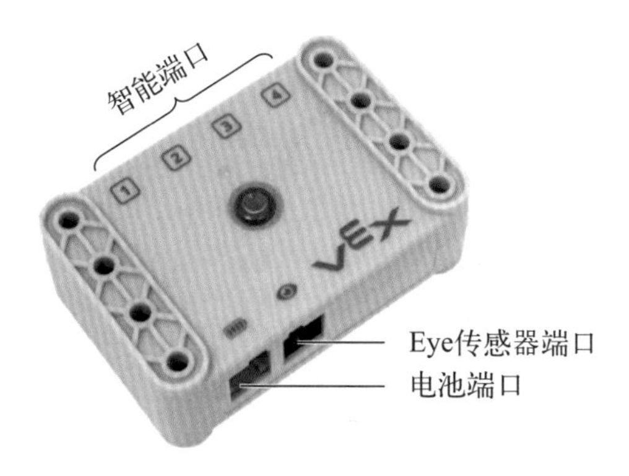

VEX GO主控器

（2）VEX GO电池

电池在VEX GO机器人中必不可少，为VEX GO电子组件供电，可连接到主控器或开关的橙色端口。其参数和特点如下：

- 6.4V DC，450mAh；
- 内置充电指示灯；
- USB-C 电缆连接充电；
- 充电时间为1～2小时。

VEX GO电池

充电线

（3）VEX GO智能电机

智能电机在机器人构建中完成旋转运动。智能电机可以连接VEX GO开关，也可以直接连接VEX GO主控器，通过VEXcode GO程序控制。电机可连接到主控器智能端口的任一端口。

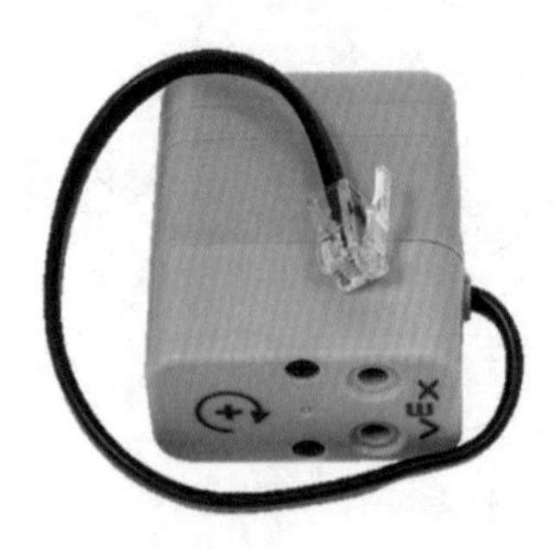

VEX GO智能电机

（4）VEX GO开关

VEX GO开关可用于把VEX GO电机连接到电池上，并控制电机正转、反转和停止。“+”使电机正向旋转；“-”使电机反向旋转。

（5）LED碰撞开关

VEX GO LED碰撞开关作为传感器，可以连接到主控器任一智能端口上。检测被按下或释放状态，信号传递给控制器。LED可根据需要显示红色、绿色或关闭。

VEX GO开关

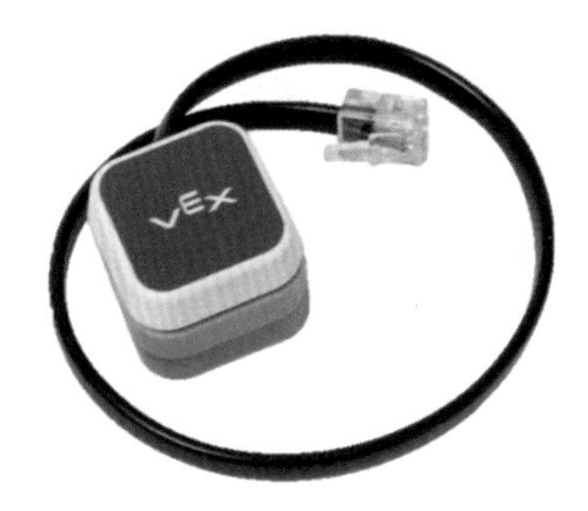

LED碰撞开关

（6）VEX GO辨色仪

VEX GO Eye传感器（辨色仪）可以检测物体是否存在以及物体的颜色，可以记录环境光的亮度。颜色可以检测出红色、绿色和蓝色。

辨色仪要连接到主控器的蓝绿色端口。

注意：为保证辨色仪正常工作，必须在主控器运行前连接辨色仪。

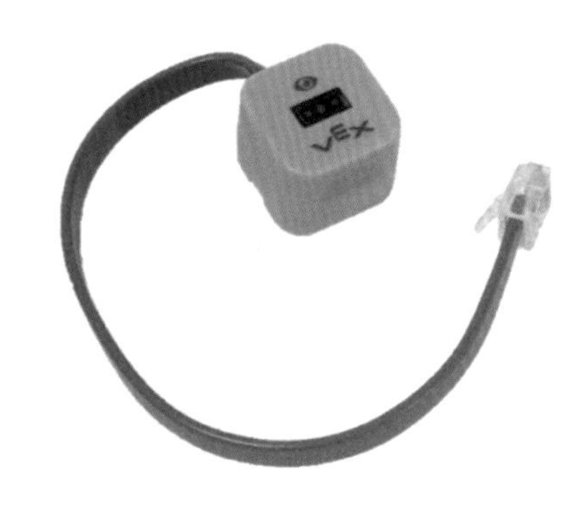

VEX GO辨色仪

（7）VEX GO电磁铁

电磁铁是VEX GO兼容配件，是一种特殊的电磁铁，磁场由电流驱动产生，可以拾取或放下内含金属芯的磁盘。

电磁铁可连接至主控器任意智能端口。

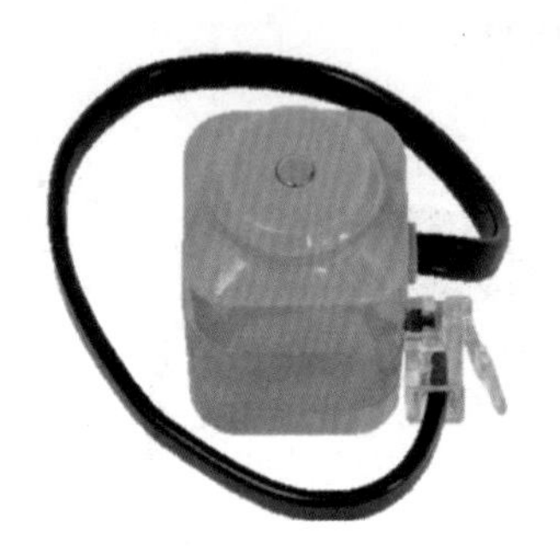

VEX GO电磁铁

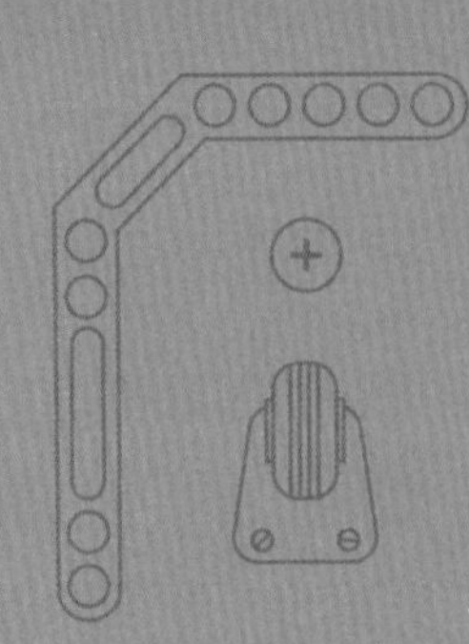

第 3 章
VEXcode GO 编程

VEXcode GO是一种基于Scratch Blocks的编程环境，适用于iSO、Android和Amazon Fire平板电脑、Windows和Mac系统，更多详细信息在官方网站获取。

本书主要在Windows系统下进行VEXcode GO编程的介绍，实际操控则是在iso环境下使用iPad进行，两种环境下内容完全一致，界面略有差别。

3.1 下载及运行

3.1.1 VEXcode GO运行最低硬件要求

iOS/iPad操作系统；iOS 12或更高版本；600MB可用存储空间；支持BLE 4.2。

Windows操作系统：Windows 8或更高版本；谷歌Chrome浏览器（75或更高版本）；蓝牙4.1或以上。

3.1.2 iPad下载安装App

可通过网站或直接在苹果（apple）商店搜索VEXcode GO进行下载安装。

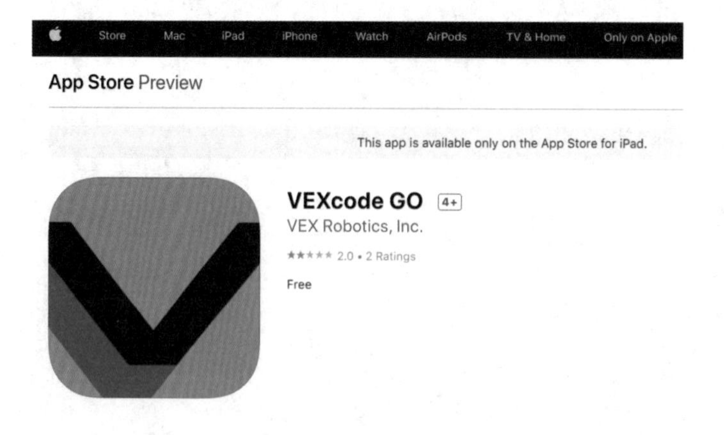

苹果商店搜索下载

3.1.3 在线使用VEXcode GO

通过浏览器打开VEXcode GO的官方网站，即可进入VEXcode GO编程环境。线上使用VEXcode GO的方便之处就是不需要安装软件，也不需要升级软件。

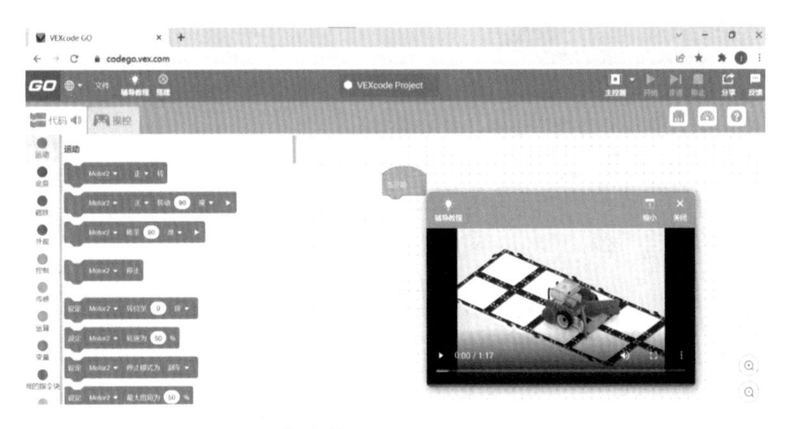

在线使用VEXcode GO

3.1.4 VEX Classroom

VEX Classroom用于管理VEX GO机器人，可以更新机器人硬件以及监控电池使用情况。

监控机器人：可以查看系统硬件是否需要升级以及监控电池状态。

监控机器人

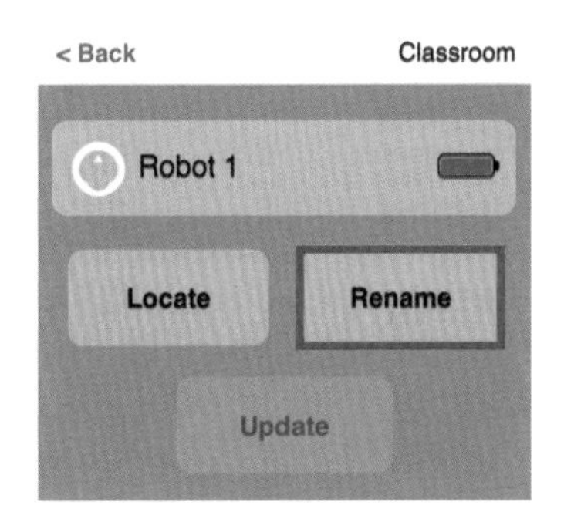

机器人命名

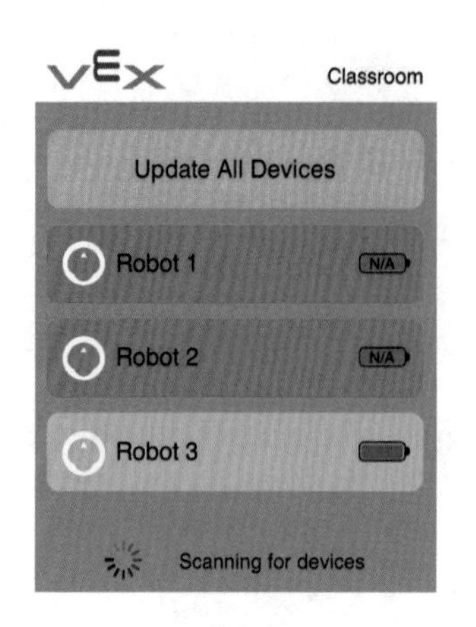

固件升级

机器人命名：为VEX GO机器人命名，以区别每一台机器人。

固件升级：一次升级所有需要升级的设备。

3.2 VEXcode GO功能界面

VEXcode GO编程界面如下图所示，后边分别详细介绍各部分的功能和应用。

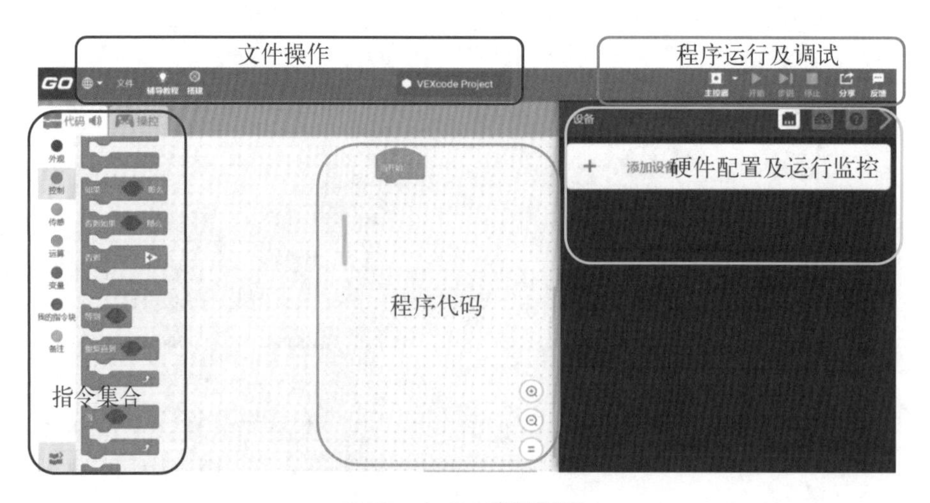

VEXcode GO编程界面

3.2.1 选择语言

Vexcode GO有二十多种语言可供选择，满足世界各国机器人爱好者的学习和应用。例如，选择"English"，编程界面切换如下图所示，这还意外地增加了小朋友们学外语的乐趣。

选择语言

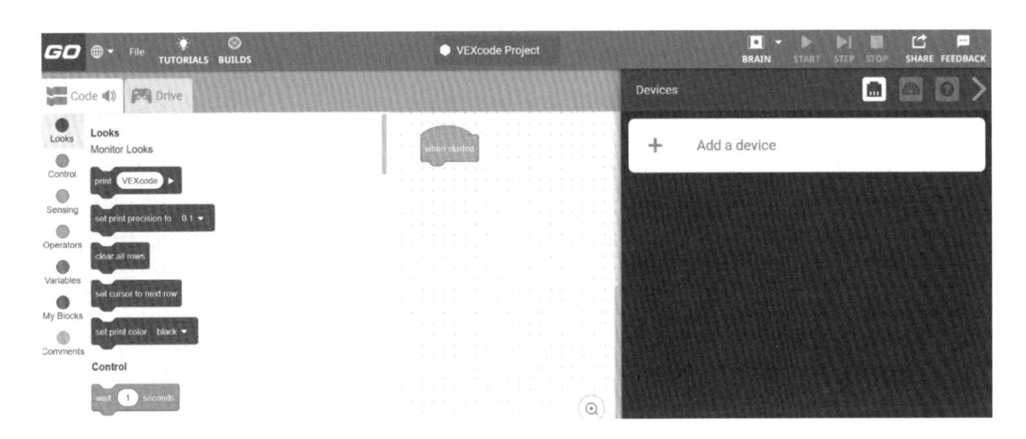

英语界面

3.2.2 文件操作

在主菜单里可以完成以下的功能。

① 新建指令块程序　从零开始，建立一个全新的机器人程序。

② 从你的设备加载　从电脑或iPad等平板设备里打开一个以前编写保存的机器人程序，重新修改或应用。

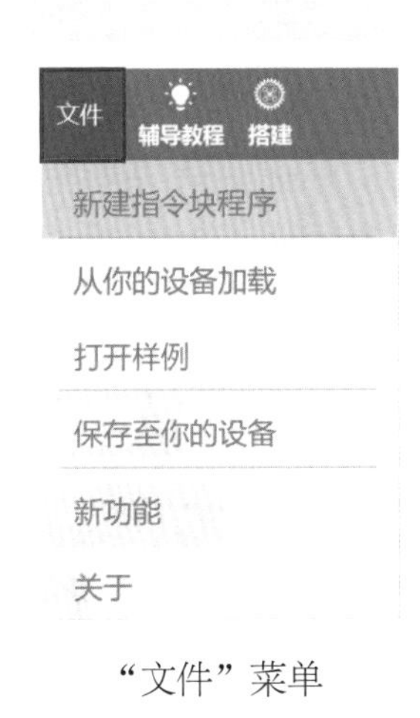

"文件"菜单

③ 打开样例　在VEXcode GO系统里内置了丰富的样本程序，可供学习者参考理解。打开样本程序，代码可以直接修改应用。

样本程序

④ 保存至你的设备　将编辑好或正在编辑的应用程序保存到设备上，下次可以直接调用。程序直接保存在系统的默认文件夹下，后缀名为goblocks。例如默认程序名为：VEXcode Project.goblocks。

⑤ 新功能和关于　VEXcode GO的版本信息及更新功能的提示，如下图显示当前系统版本是2.3.0-139。

版本信息

⑥ 辅导教程　和样本程序类似，程序内置了丰富教程，以视频的形式讲解不同的程序应用，方便学习。

选择辅导教程

⑦ 搭建　VEX GO官方网站上有机器人搭建案例可供参考。

⑧ 文件重命名　主菜单显示当前应用程序的名字，点击此处，如下图所示，此时可修改当前程序的名字。

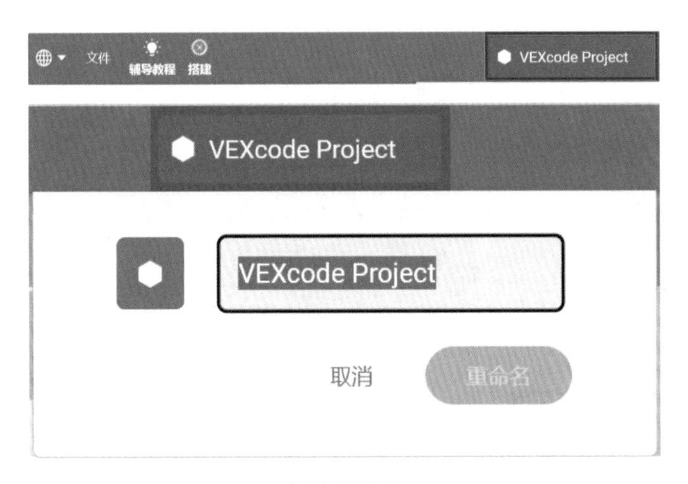

文件重命名

3.2.3 指令集及操控界面

① 代码　代码就是计算机指令集合，这里有丰富的控制指令，并按照分类以颜色区分标志，便于查找。在后边的章节我们会详细介绍控制指令的使用。

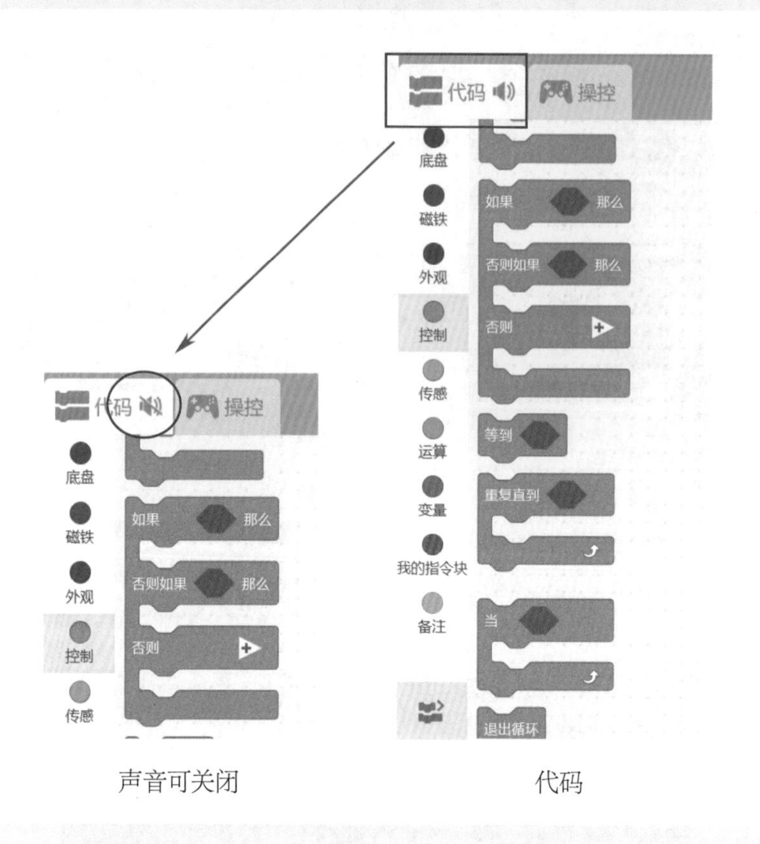

声音可关闭　　　　　　　　代码

其中声音用于提示指令代码操作是否成功，可以关闭。

将指令集合中的代码拖入可执行代码区域组合，就变成了可在VEX GO机器人上运行的程序。

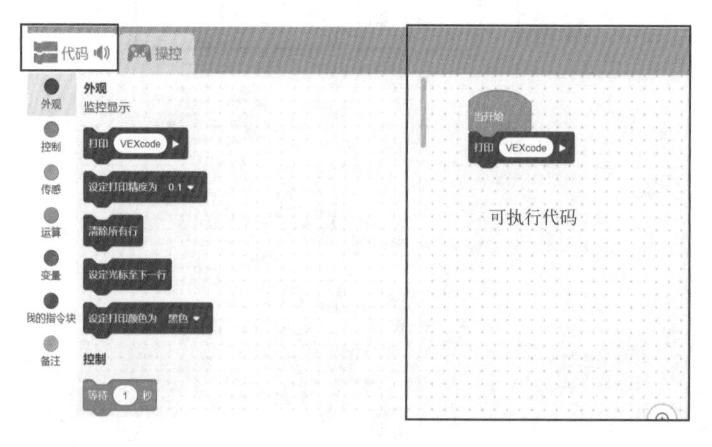

拖入代码

代码区域调整工具如下图所示。

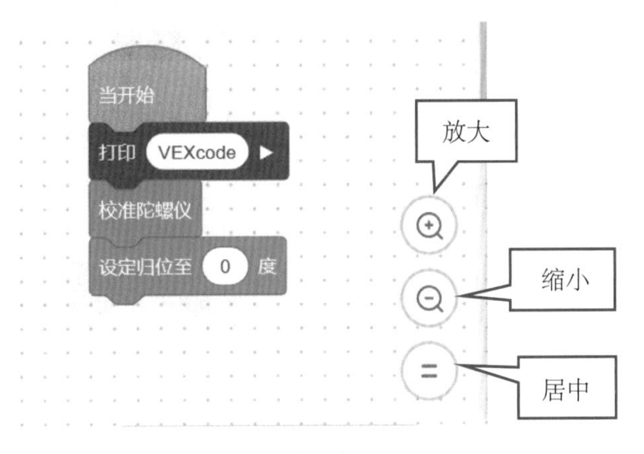

代码区域调整工具

② 手动操控　系统内默认有几台基本配置的机器人，如：Code Base 不需要编写程序代码，使用操控就可以对机器人实现控制。

使用操控控制机器人

基本配置的机器人操控如下图所示。

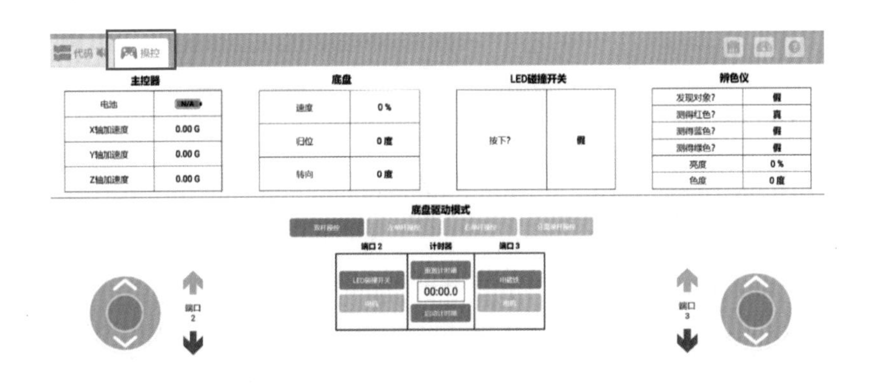

基本配置的机器人操控

3.2.4 配置及监控

① 机器人硬件配置　VEX GO机器人要很好地运行，需要在VEXcode GO中对应配置好硬件，程序才能正确运行。

添加设备

通过“添加设备”可以在VEXcode GO里为机器人配置相应的硬件设备。右图是一个VEX GO机器人的典型配置：机器人具有一个底盘Drivetrain，一个手臂电机Motor2，一个输入开关LEDBumper3，还有一个辨色仪Eye。

机器人典型配置

② 机器人运行监控　在指令集合中选择要观察的传感器数值及变量并勾选。打开参数监控窗口，就可以观察到对应传感器或变量在程序运行时的实时数值。

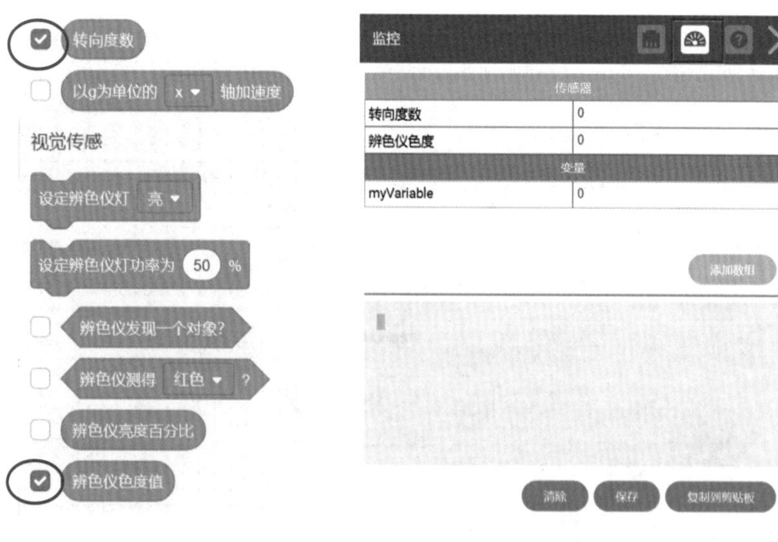

选择监控参数　　监控参数实时数值

③ 帮助 “帮助”提供每一条编码指令的定义、用法和参考示例。

“帮助”选项

下图为指令“程序开始”的解释。

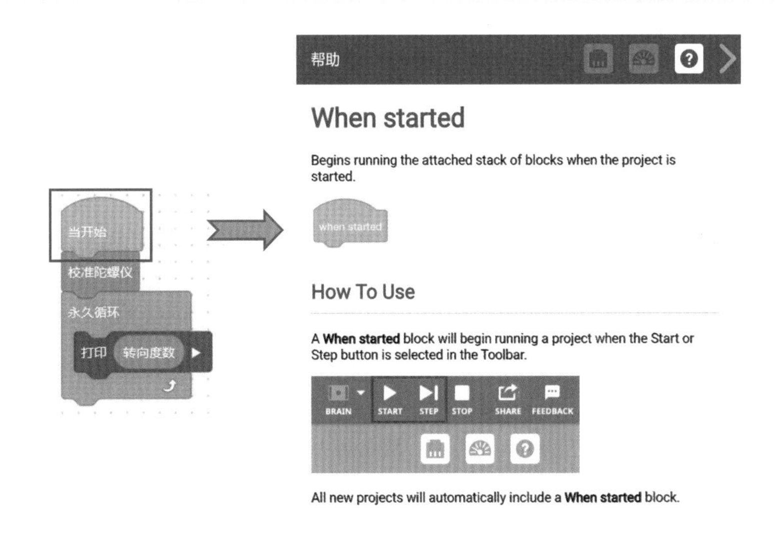

“程序开始”的解释

3.2.5 程序运行

连接VEX GO机器人运行程序。“分享”和“反馈”用于编程者之间以及编程者与开发者之间的交流。

“分享”和“反馈”

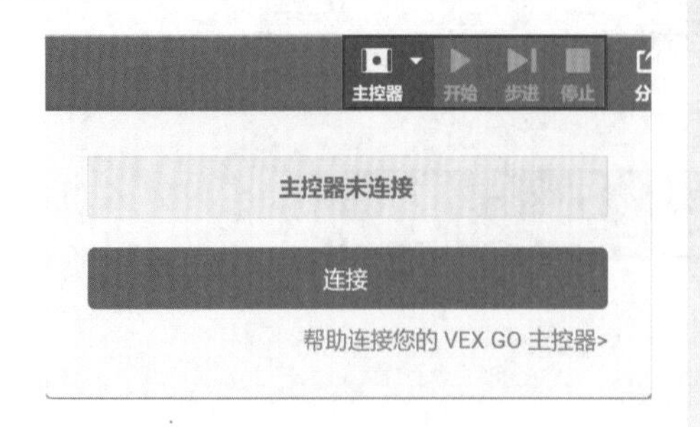

控制器未连接状态显示

① 控制器未连接　其状态如左图所示。

设备配对

② 控制器连接　点击“连接”，VEX GO机器人开始通过蓝牙方式和VEXcode GO建立连接。过程如左图所示。

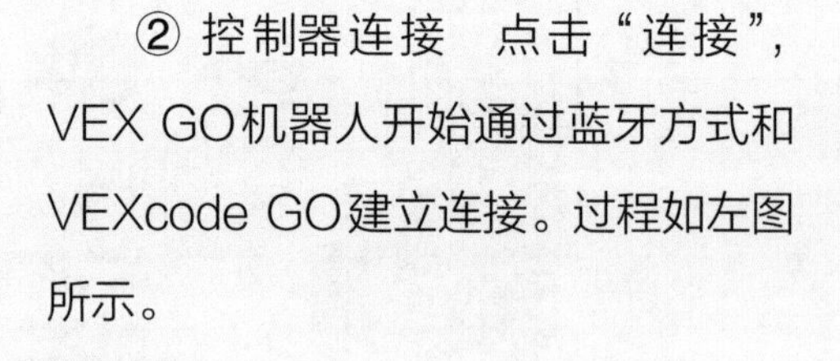

连接成功

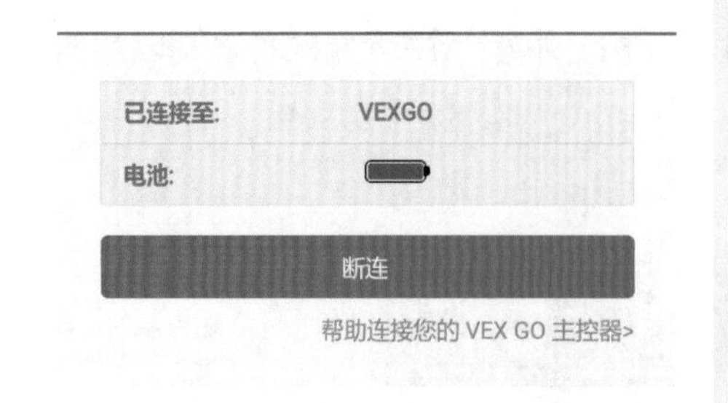

查看主控器名称及电池电量

展开控制器下拉菜单，可以查看主控器名称及电池电量。

如果主控器标识颜色为橘黄色，则需要根据提示完成硬件更新。

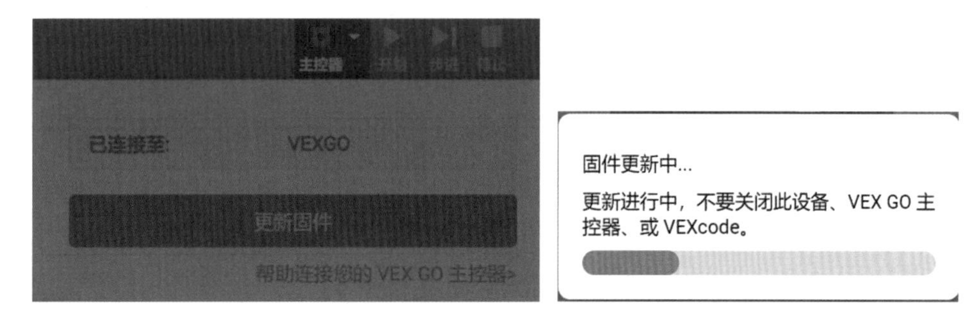

固件更新提示

③ 程序运行和停止　点击“开始”键启动程序，这时VEX GO机器人按照我们在VEXcode GO里写下的程序指令顺序执行，做出相应动作。

程序运行后可按“停止”键终止程序运行。

启动程序　　停止运行

④ 步进调试程序　按“步进”键可以逐条执行我们编写好的VEXcode GO程序指令，这在调试程序中十分有效，可以清楚地观察机器人的执行效果，方便查找和修改程序中的错误指令。

点击“步进”键，运行当前位置的程序指令。点击“停止”键可停止机器人当前动作的执行。运行完一条指令后，等待下一步操作。

步进调试程序　　等待下一步操作

3.3 机器人系统硬件配置

在VEXcode GO里 对VEX GO机器人的硬件设备如电机、开关、磁铁、辨色仪等进行正确配置后，才可以使用指令集合内的代码让这些硬件正确运行。

系统内配置有几台VEX GO机器人，可选择其中一个作为基本配置，对应端口是固定的。

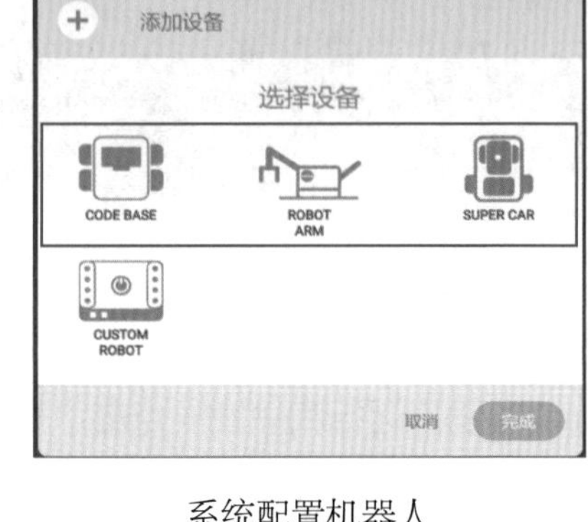

系统配置机器人

3.3.1 Code Base

Code Base 配置情况

3.3.2 Robot Arm

Robot Arm 配置情况

3.3.3 Super Car

Super Car配置情况

3.3.4 CUSTOM ROBOT

选择“CUSTOM ROBOT”，则可以根据需要自由配置设备和端口。

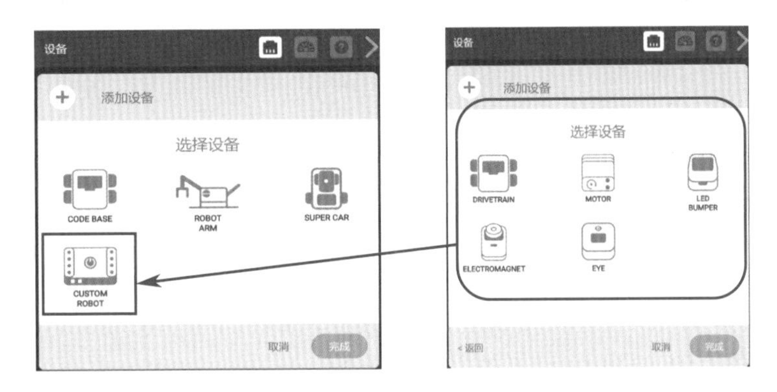

自由配置

（1）底盘配置

① 选择DRIVETRAIN。

选择底盘

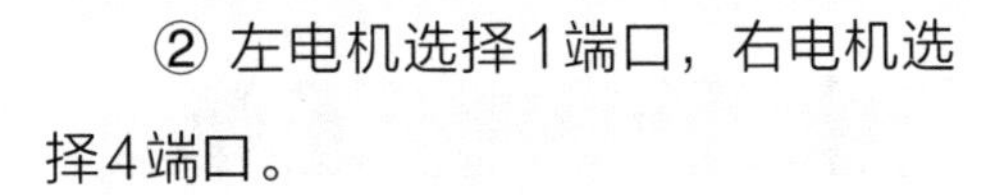

② 左电机选择1端口，右电机选择4端口。

选择端口

底盘传动设置

③ 传动比设置为实际变速比，默认1 ：1，没有变速。

④ 调整底盘方向。方向调整结合程序代码的正向驱动指令进行，如果设置错误会造成机器人不能正确转向。

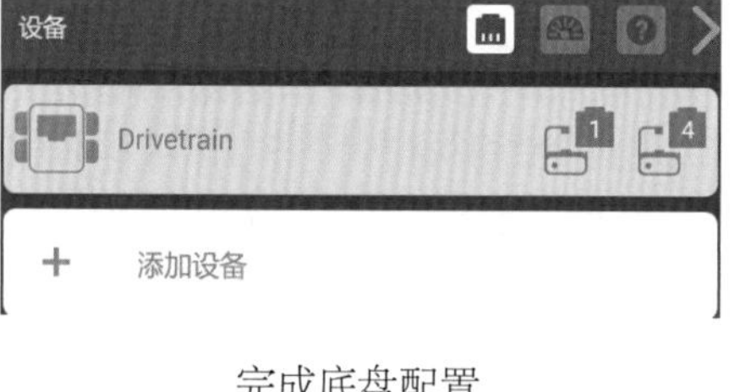

完成底盘配置

⑤ 完成底盘配置。

选择电机

（2）电机配置

① 选择MOTOR。

② 选择端口2。

选择端口

③ 确定并选择电机的正确旋转方向，并可以为此设备修改一个程序里容易识别的、有意义的名字，如：Arm。

确定方向

④ 完成电机配置。

完成电机配置

（3）其他设备的配置

① LED开关LEDBumper。在上面配置设备的基础上，配置LED-Bumpers在端口3上。

选择LED开关

选择端口

完成LED配置

② 电磁铁ELECTROMAGENT。在设备端口2上配置电磁铁MAGNET2。

注意： VEX GO主控器只有4个智能设备端口，这里我们先把原来已配置设备MOTOR2删除，再行配置电磁铁设备MAGNET2。

选择电磁铁

选择端口

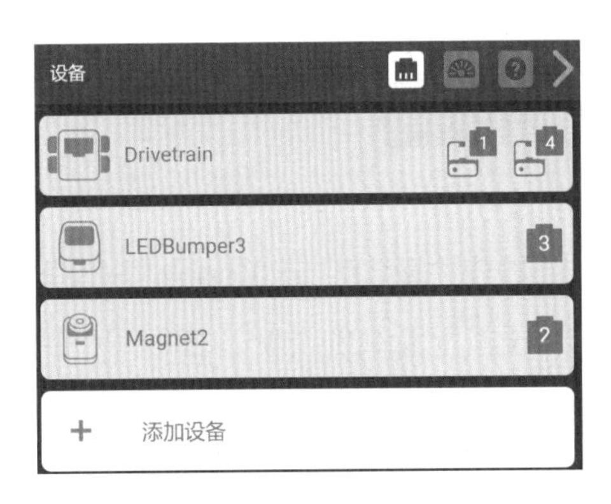

完成电磁铁的配置

③ 辨色仪EYE。VEX GO辨色仪是一种专用传感器，在VEX GO主控器上有专用端口，并区分颜色标识，所以它不占用智能端口。

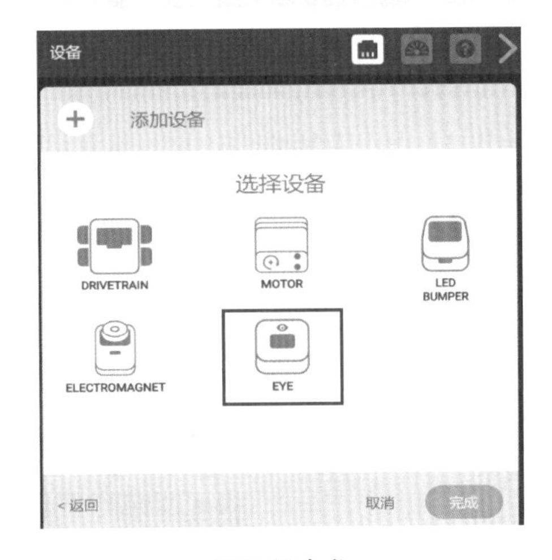

选择辨色仪

选择端口

完成辨色仪配置

3.4 图形化编程

本节主要学习VEXcode GO程序编写中的主要指令和用法，每一部分将结合设备配置举例说明，在每一个例子中，我们只针对某一类指令的用法重点介绍。

3.4.1 底盘运动

底盘配置

如左图所示，为VEX GO机器人配置一个底盘Drivetrain，其中左电机端口为1，右电机端口为4，此时在左侧指令集合中显示有关“底盘”指令的代码。

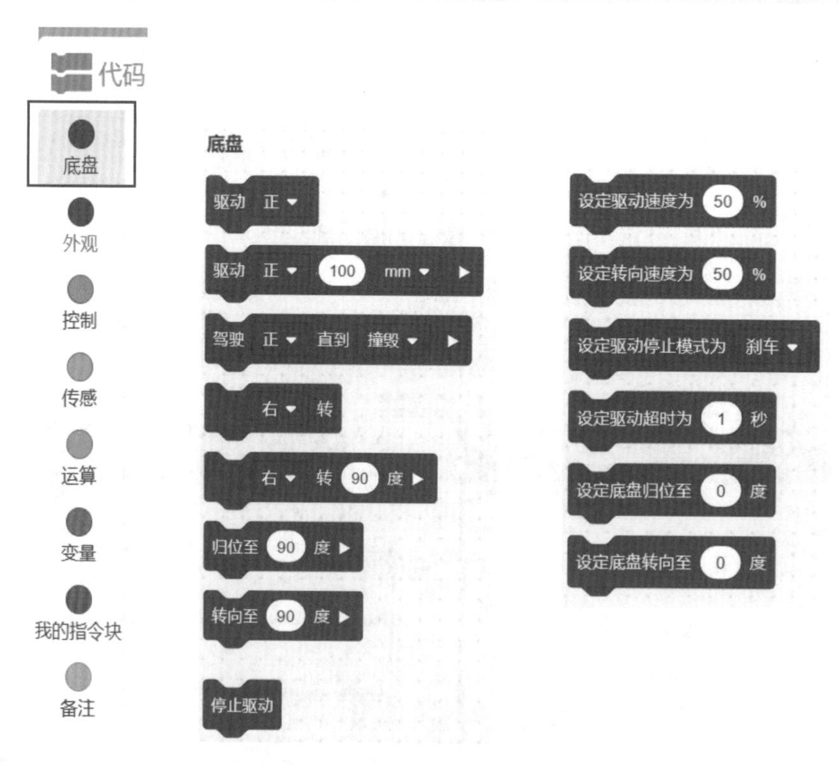

“底盘”指令代码

“底盘”指令集合内的代码都是有关底盘运动的代码，如前进、后退和转向，还有对运动参数的设定代码，如驱动速度、转向速度、初始角度等。

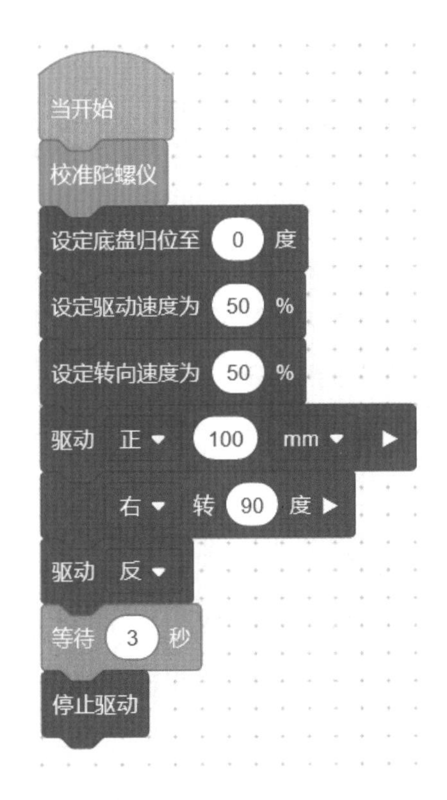

右边这段程序的运行结果是：

- 程序开始运行前机器人的面向设为0°；
- 机器人驱动速度和转向速度均设定为50%；
- 正向驱动100mm，右转90°；
- 反向驱动，3秒后停止运动。

在这些指令代码里需要注意的有两个指令：

① 归位角度　VEX GO控制器内置陀螺仪传感器，在程序运行时可初始化并设定方向，默认归位值为0°；程序运行时机器人的归位值如右图所示，顺时针旋转增加，逆时针旋转减少，归位角度的范围是0°～360°。

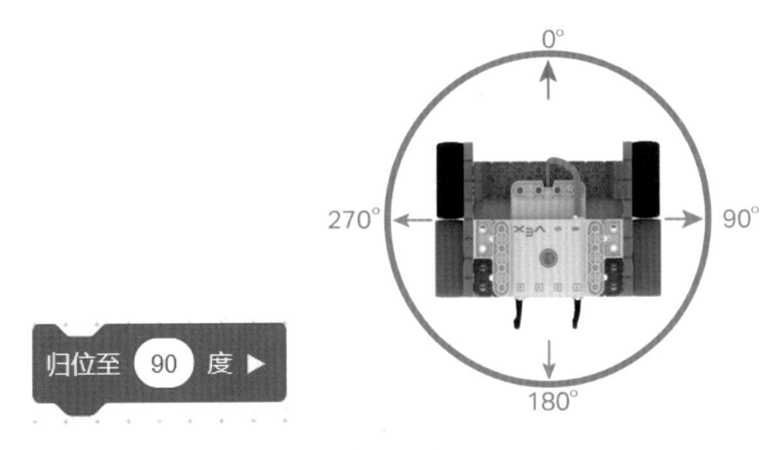

归位角度

② 运动超时处理　在一条运动代码前加上超时处理代码，机器人则会在两种条件下结束这个动作：一是准备完成运动要求，二是运动达不到要求，但时间已经超时。

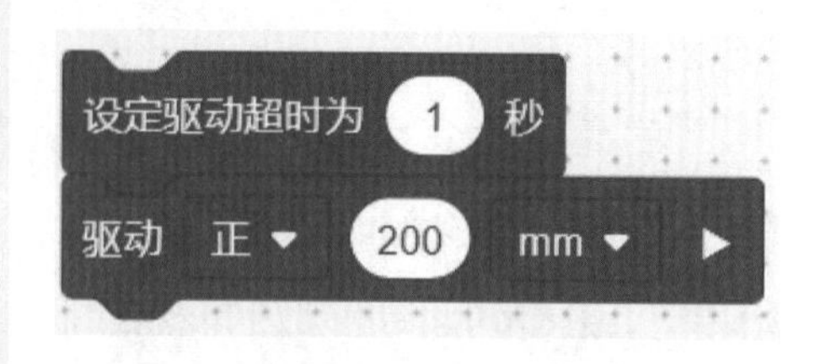

上边两条代码的效果是：机器人要正向运动200mm，如果机器人遇到障碍不能前进到200mm处，那么2秒后机器人也会结束这个动作，继续执行下面的程序。

3.4.2 电机运动

如右图所示，为VEX GO机器人配置一个电机Motor2，其端口为2，此时在左侧指令集合中显示有关“运动”指令的代码。

配置电机

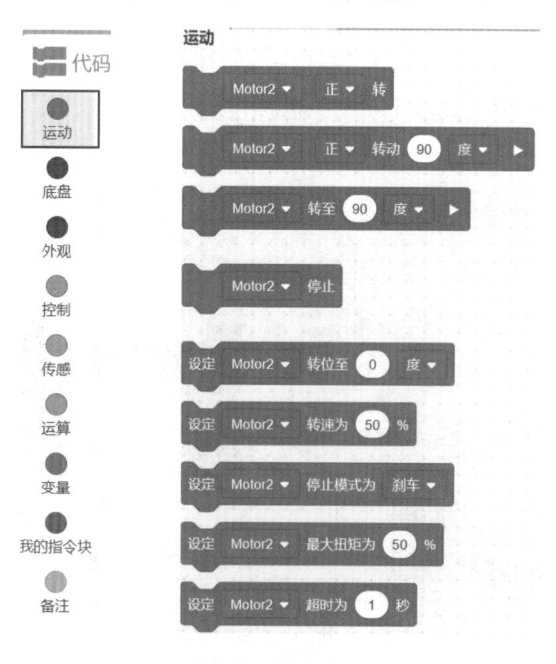

“运动”指令代码

“运动”指令集合和“底盘”指令集合相似，代码都是有关电机运动的代码，如正转、反转和转位，还有对运动参数的设定代码，如转动速度、转动扭矩、初始角度和停止模式等。

左边这段程序的运行结果是：

- 设定端口2电机转速为100%，停止模式为锁住；
- 端口2电机正向旋转3秒，停止旋转；
- 设定此时端口2电机转位角度为0°；
- 端口2电机旋转至转位角度为90°。

这里介绍运动指令中的“并且不等待”。“并且不等待”指令可以使得“驱动200mm”“转动30°”等这样需要反馈具体信息的指令不用再等待指令，而是继续执行下面的指令。

下面两段程序的具体执行效果不同。

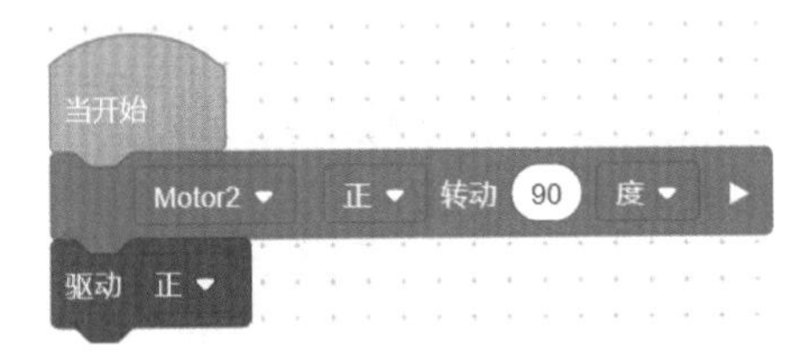

(a)电机2转动90°后底盘开始前行

(b)电机2转动同时底盘开始前行，电机2转动90°后停止转动，底盘继续前行

3.4.3 磁铁

磁铁是VEX GO机器人独有的一个执行设备，在VEXcode GO里对应有控制代码。本例在端口2配置了磁铁。

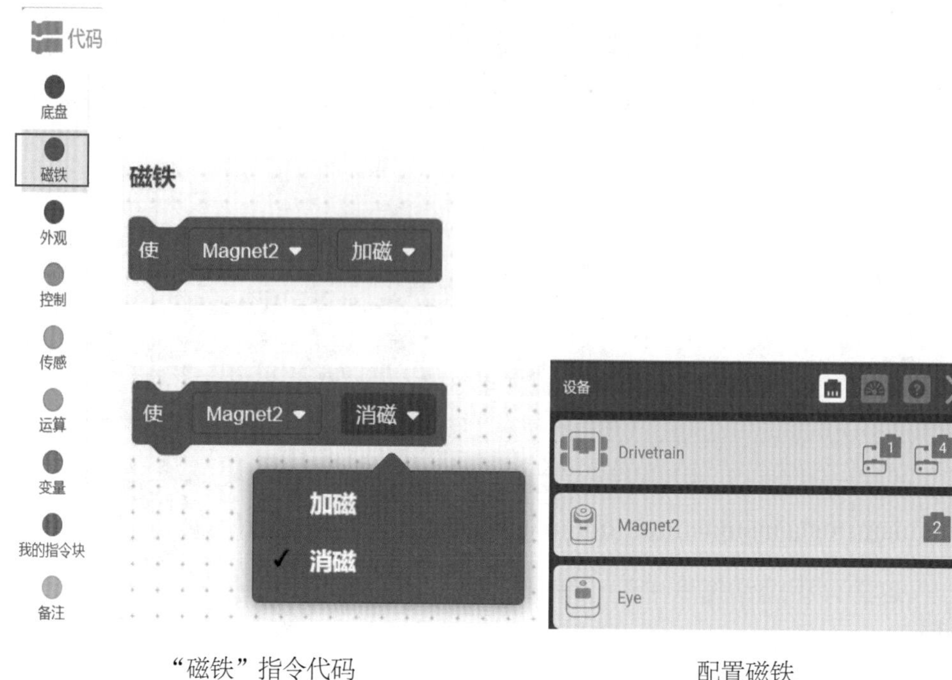

“磁铁”指令代码

配置磁铁

右图程序设计的意图是利用磁铁吸附磁碟：

- 机器人旋转寻找蓝色磁碟；
- 磁铁加磁，吸附磁碟；
- 机器人后退200mm；
- 消磁，停止程序。

3.4.4 监控显示

“外观”指令集合里的代码主要用于显示和监控，由于VEX GO控制器不具备屏幕显示，所以这些代码的作用主要在VEXcode GO的监控区域显示程序里打印的参数。

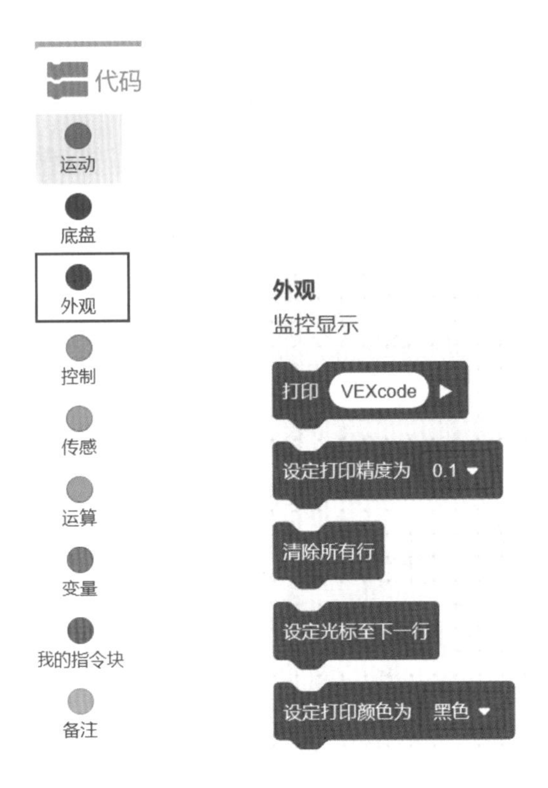

“外观”指令代码

监控显示示例

3.4.5 控制指令

“控制”指令集合是程序编写的核心部分，其他指令集合的代码都顺序执行，而通过在控制指令集合里的判断、循环以及结束循环等指令代码，则可以实现逻辑分析、算法运算、策略，从而实现VEX GO机器人的智能化。

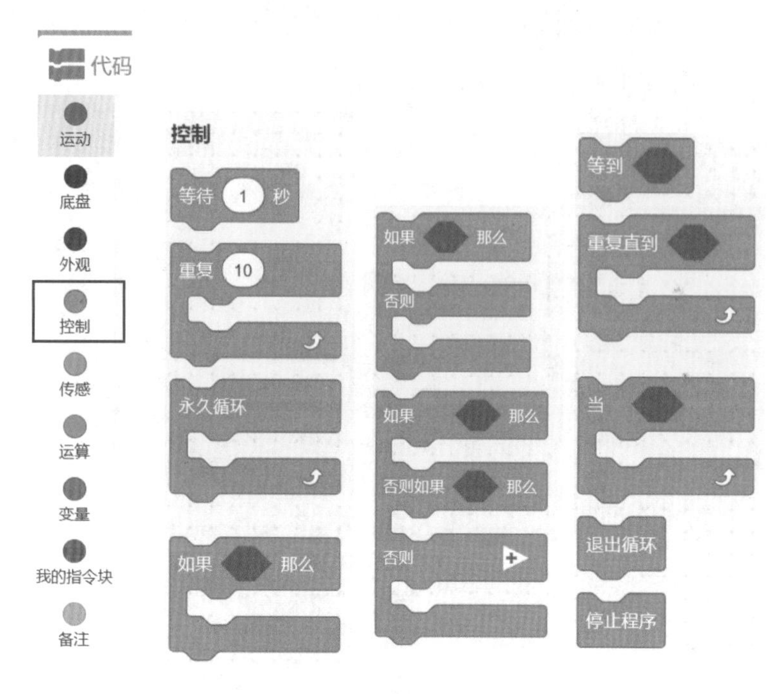

“控制”指令代码

示例代码如右图所示，这段代码的运行结果是：

- 设定VEX GO机器人的驱动和转向速度均为50%；
- 当端口3的LEDBumer开关按下后，机器人重复执行，直到前边的辨色仪发现有物体时，退出循环程序；
- 右转180°，调转方向；
- 停止程序运行。

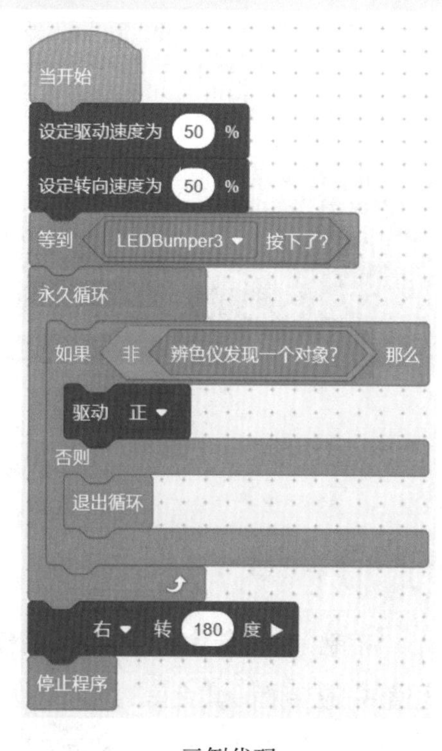

示例代码

我们来比较下面两段程序的区别：

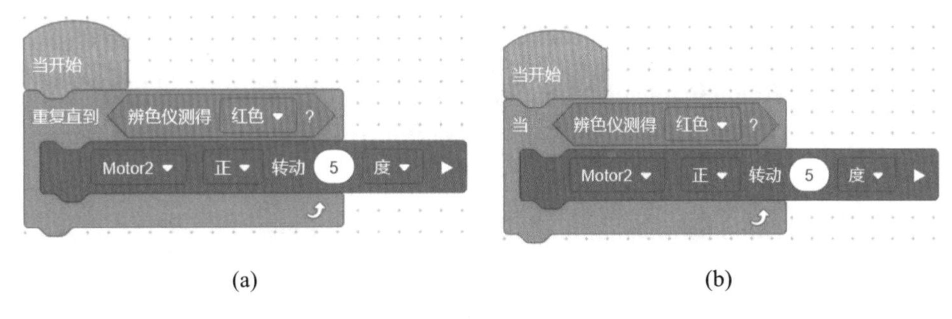

(a) (b)

示例代码

其中（a）段程序的运行效果是：当辨色仪检测到红色前，电机Motor2重复旋转5°，也就是说，辨色仪检测到红色之前，电机Motor2一直旋转，检测到红色即停止转动。而（b）段程序的运行效果是：当辨色仪检测到红色，电机Motor2旋转5°一次，那么程序运行后，如果辨色仪检测到红色，电机Motor2才会旋转5°，检测不到红色则没有反应。

3.4.6 传感

传感信号由控制器内部设备和外部设备产生，是基准或表征状态的输入信息，用于控制程序运行时的逻辑判断和运算。

主控传感：中控器中有计时器，用于程序中的计量，运行中可使用代码可对计时器归零复位。

电机传感：智能电机的运转状态可以检测反馈给主控器，同时可获取电机的转速、电流、角度等详细参数。

底盘传感：底盘作为智能电机组合使用的一种形式，可以反馈运转状态以及转速、电流、角度等详细参数。

碰撞传感：LEDBumper按下后反馈为逻辑真。

陀螺仪传感：检测碰撞的发生，以及*x*/*y*/*z*三轴的运动加速度。

视觉传感器：Eye辨色仪是VEX GO专有的传感器。

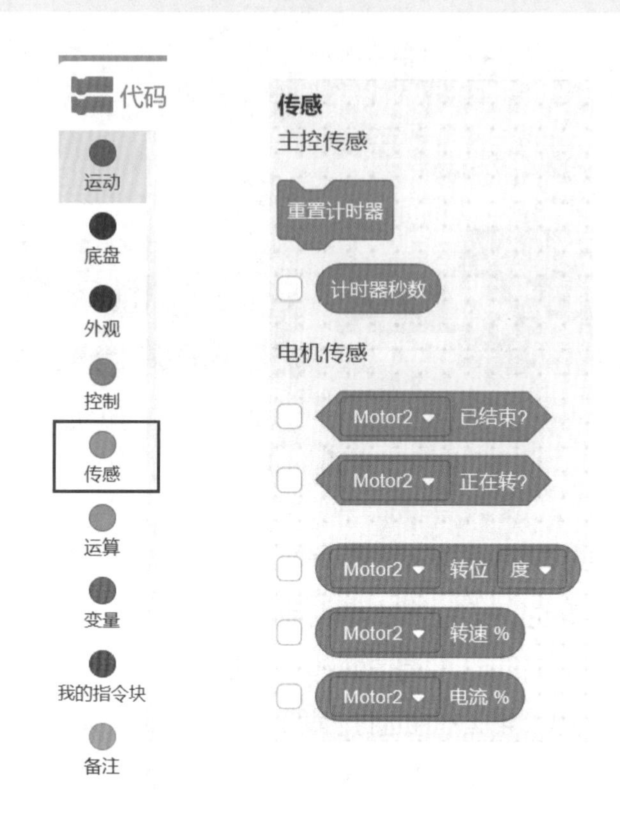
代码
运动
底盘
外观
控制
传感
运算
变量
我的指令块
备注
传感
主控传感
重置计时器
计时器秒数
电机传感
Motor2 已结束?
Motor2 正在转?
Motor2 转位 度
Motor2 转速 %
Motor2 电流 %

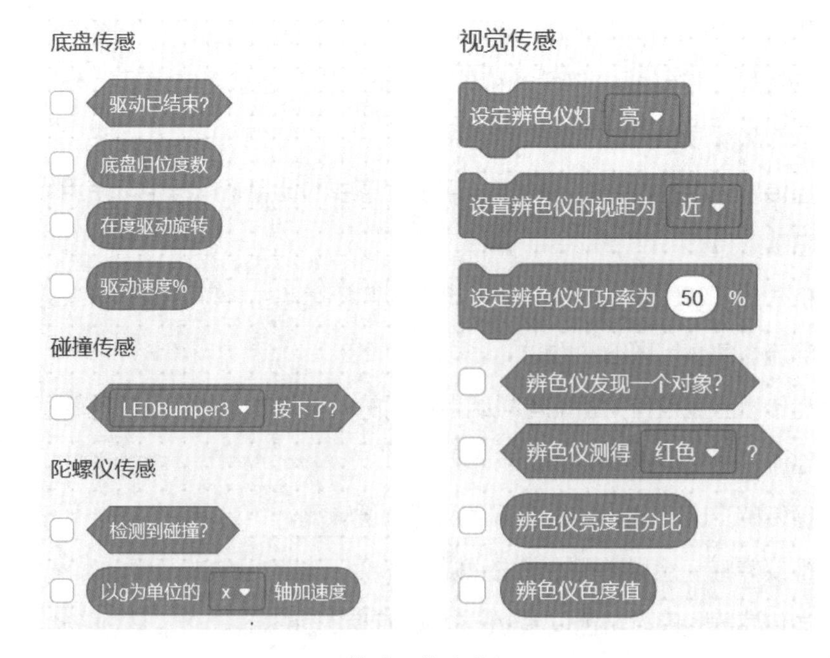
底盘传感
驱动已结束?
底盘归位度数
在度驱动旋转
驱动速度%
碰撞传感
LEDBumper3 按下了?
陀螺仪传感
检测到碰撞?
以g为单位的 x 轴加速度
视觉传感
设定辨色仪灯 亮
设置辨色仪的视距为 近
设定辨色仪灯功率为 50 %
辨色仪发现一个对象?
辨色仪测得 红色 ?
辨色仪亮度百分比
辨色仪色度值

“传感”指令代码

在VEXcode GO里可以控制辨色仪的LED灯点亮和关闭，调整检测距离的远近精度。

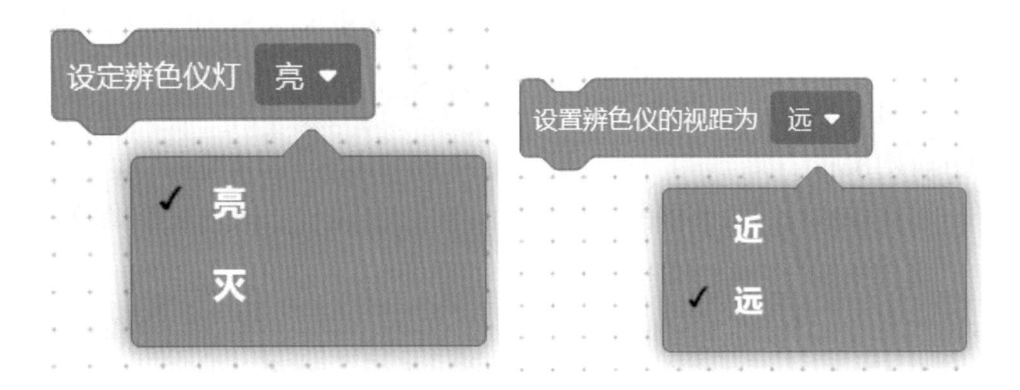

设置辨色仪

VEX GO Eye传感器还可以检测到物体对象、红绿蓝颜色、亮度百分比以及色度值等参数。下图是VEX GO辨色仪的色谱数据。

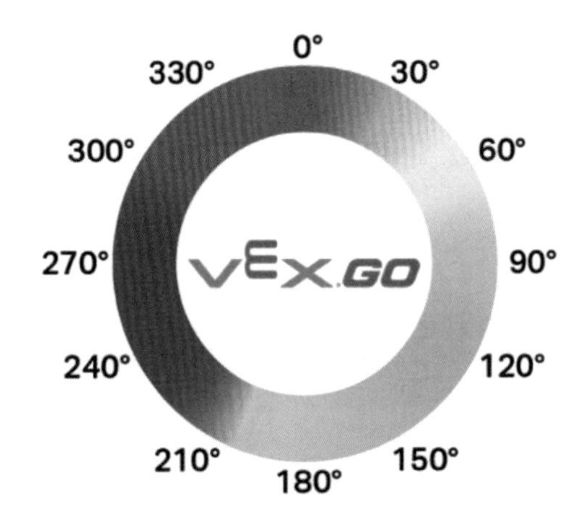

辨色仪色谱数据

右边程序运行效果是：

- 程序运行；
- 机器人底盘归位至0°；
- 机器人直行（默认驱动、转向速度都是50%）；
- 遇到物体打开辨色仪灯光；
- 如果测得绿色，归位到90°（机器人出发右转90°方向）；
- 如果测得蓝色，归位到270°（机器人出发左转90°方向）；
- 如果是其他颜色归位到180°（机器人表现是掉头）；
- 关闭辨色仪灯光；
- 机器人继续直行到物体；
- 程序终止。

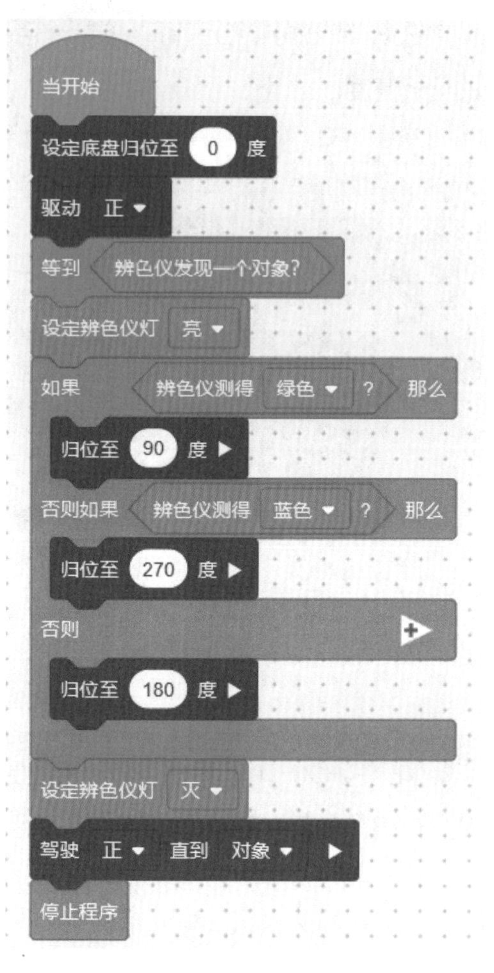

示例程序

3.4.7 运算

VEXcode GO系统的运算指令集包含了“+ - */”“大小比较”“逻辑与、或、非”等运算代码，另外还有“随机数”“取整”“取余”“绝对值”等代码指令。

结合传感和变量，利用运算指令就可以完成一些VEX GO机器人的智能算法。

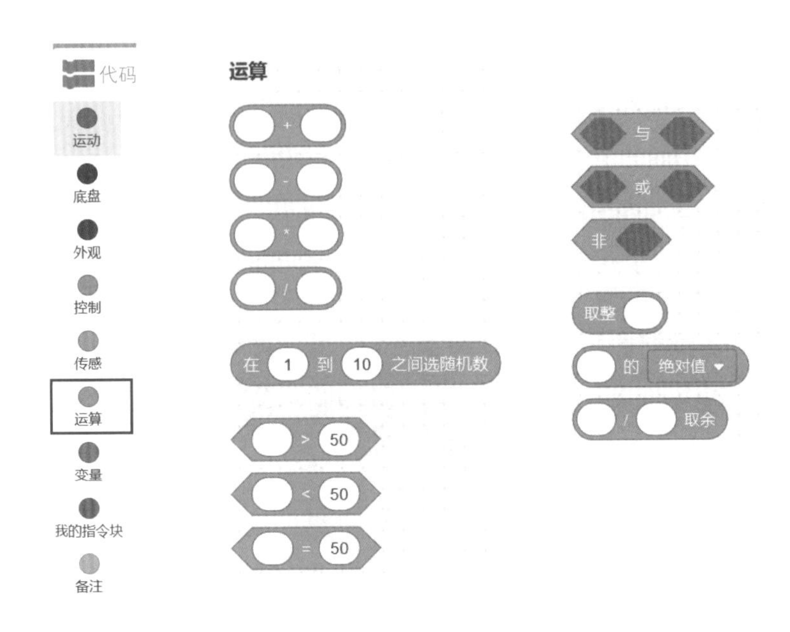

“运算”指令代码

3.4.8 变量、我的指令块、备注

“变量”是一个可变化的数值，在计算机程序中主要用于计时、计数以及存储中间计算数值等，通过运算这些临时存储区的数值，完成对机器人运行状态、运动参数变化的记录和运算，实现对VEX GO机器人的智能控制。

“变量”有数值型、布尔型以及数组等不同形式，VEXcode GO最多可设置二维数组。

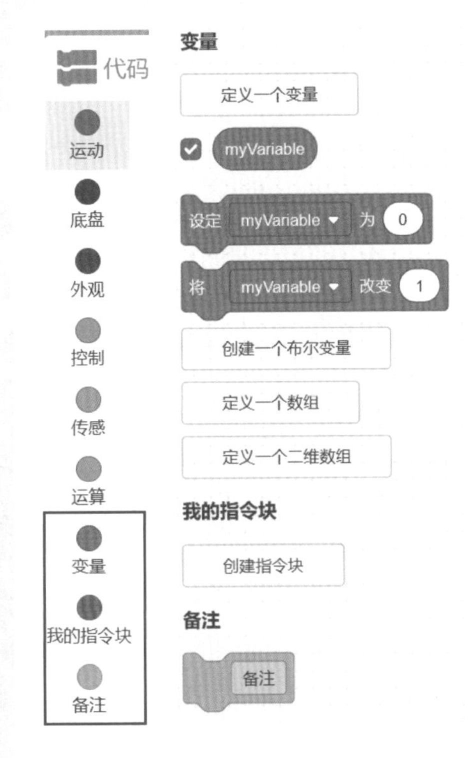

“变量”“我的指令块”“备注”指令代码

“我的指令块”则是函数在模块化编程中的表现形式，通过“我的指令块”定义和调用，可以使程序更加简洁、优化和灵活。

“备注”就是程序里的注释，通过注释内容可以方便正确理解程序以及对程序相关功能代码进行查找和修改。

右边程序（跳舞的机器人）运行效果是：

- 定义“我的指令块”——路线。内容是机器人按照指定的速度重复运行指定的次数。

- 程序开始5秒后机器人动作；
- 注释：根据机器人的加速度改变运动；
- 100%驱动速度重复3次；
- 30%的驱动速度重复4次；
- 重复循环。

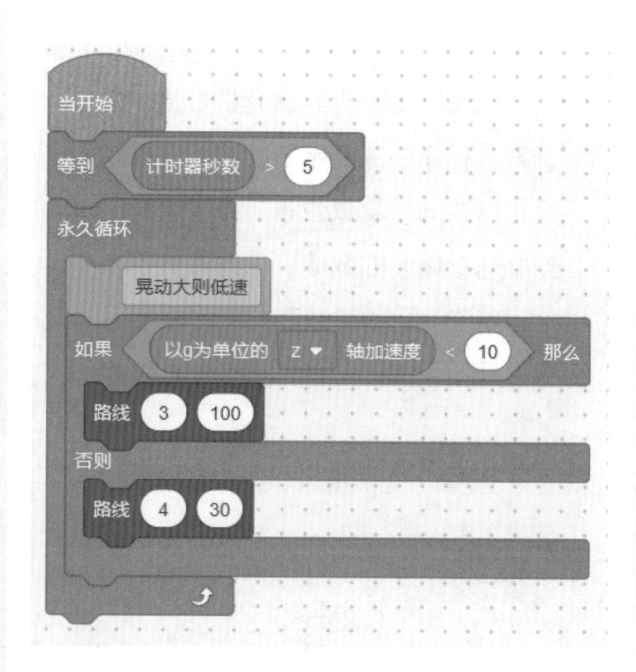

3.5 运行及调试

本节我们配置一个基本VEX GO机器人，编写一段程序并测试它的运行。

3.5.1 搭建

搭建如右图所示的VEX GO机器人，动力和控制主要有：控制器、两个底盘电机、一个升降电机、视觉传感器和LED触碰开关。

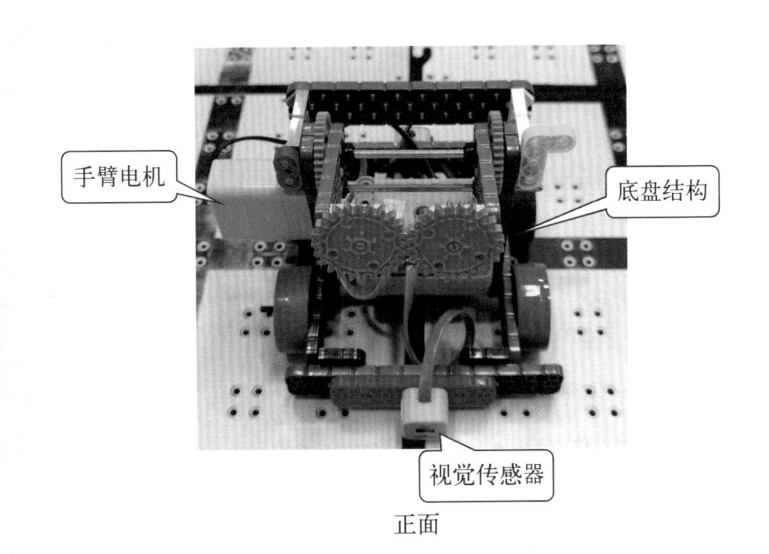

正面

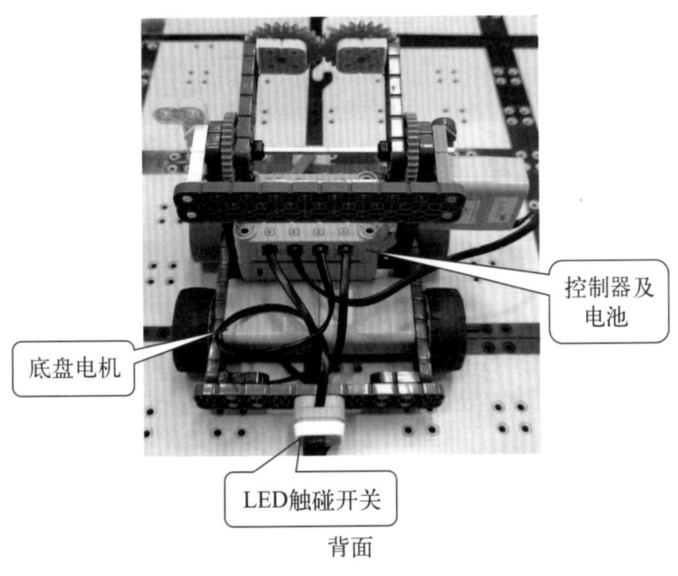

背面

基本VEX GO机器人

3.5.2 硬件端口配置

底盘电机端口为左4右1，LED触碰开关对应端口2，手臂电机对应端口3，视觉传感器为专用端口。

硬件端口配置

3.5.3 程序编写

程序功能：当VEX GO机器人的LED触碰开关动作后，机器人持续直行，一直到前边的辨色仪测到红色，停止驱动并做出规定动作后停止程序。

场地准备

3.5.4 运行调试

① 场地准备。

② 机器人连接　在VEXcode GO里连接VEX GO机器人，成功后可看到连接状态，这台机器人命名为XZB。

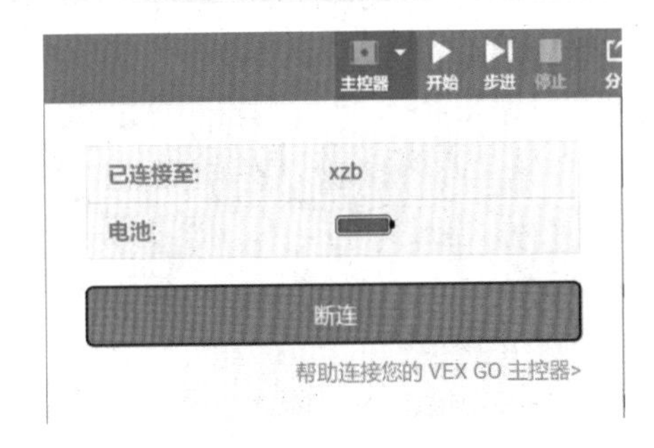

机器人连接

③ 运行程序　点击“开始”运行程序。此时LED触碰开关显示红色，当按下LED触碰开关后，机器人开始持续直行，此时LED触碰开关显示绿色。

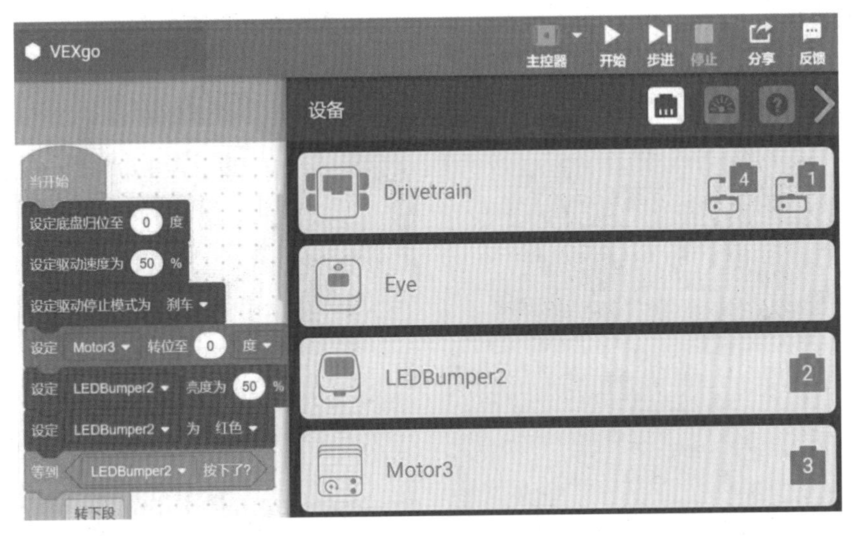

运行程序

机器人XZB持续直行，直到检测到前边的红色磁碟才停下来，关闭视觉传感器以及LED触碰的灯光显示，然后做出相应动作后，程序停止。

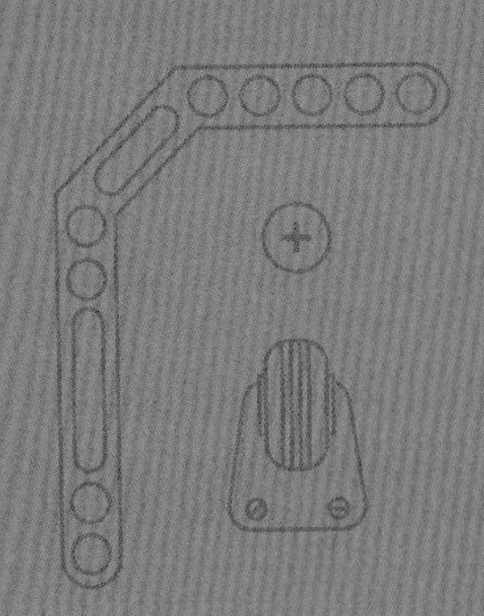

第 4 章
VEX GO 案例

4.1 铲车

学习任务

1. 利用零件搭建铲车模型。
2. 了解铲车的特点。
3. 熟练使用角连接器。

教学建议

通过图片或者视频观察铲车的结构特点。

铲车主要用于铲装土壤、砂石、石灰、煤炭等散状物料。铲车不但可以铲土和砂石，还可以上坡下坡，对矿石、硬土等做轻度铲挖作业。在道路，特别是在高等级公路施工中，铲车用于路基工程的填挖、沥青混合料和水泥混凝土料场的集料与装料等作业。此外，铲车还可进行推运土壤、刮平地面和牵引其他机械等作业。铲车有好多用途，是个多功能的机械工程车。

学习目标

1. 熟练应用特殊角度连接。
2. 锻炼模拟搭建能力。
3. 锻炼观察能力。

搭建步骤

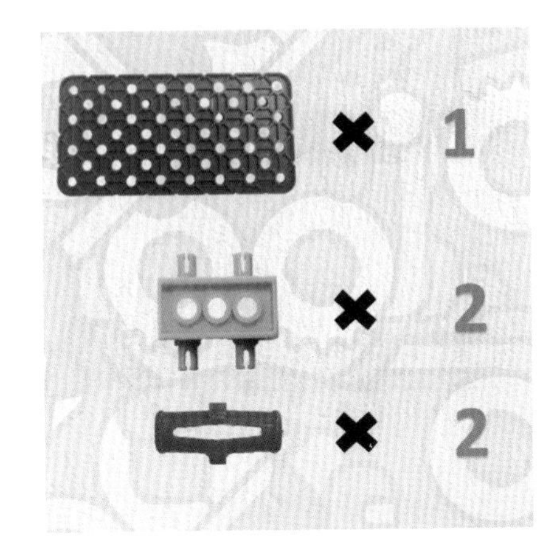

步骤1

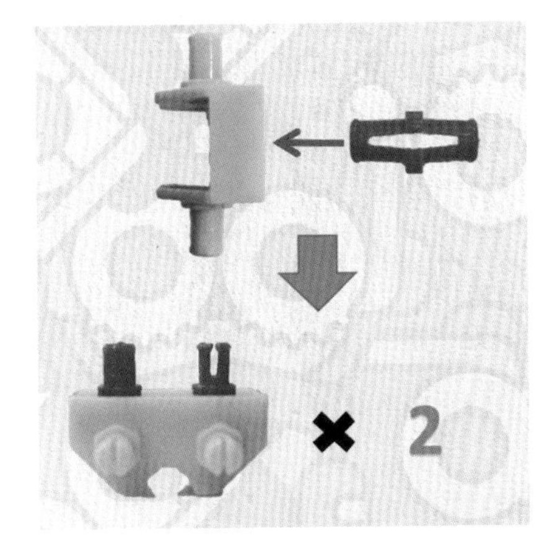

步骤2

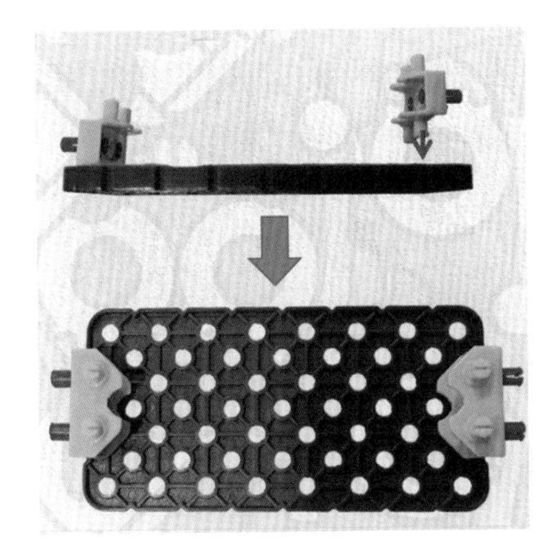

步骤3

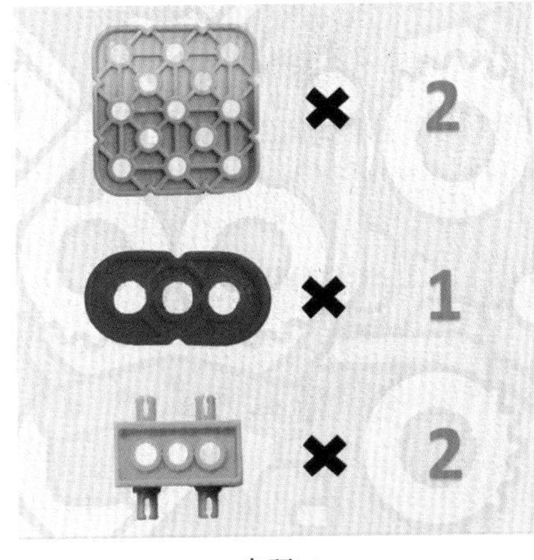

步骤4

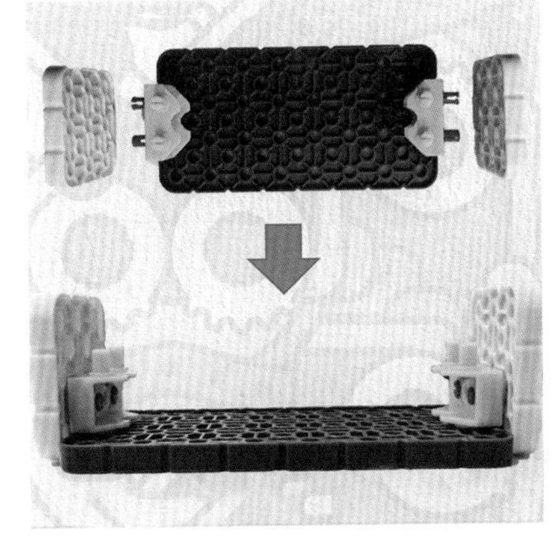

步骤5

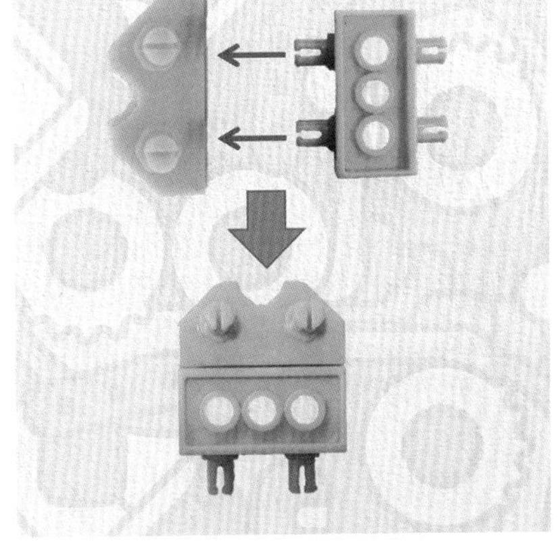

步骤6

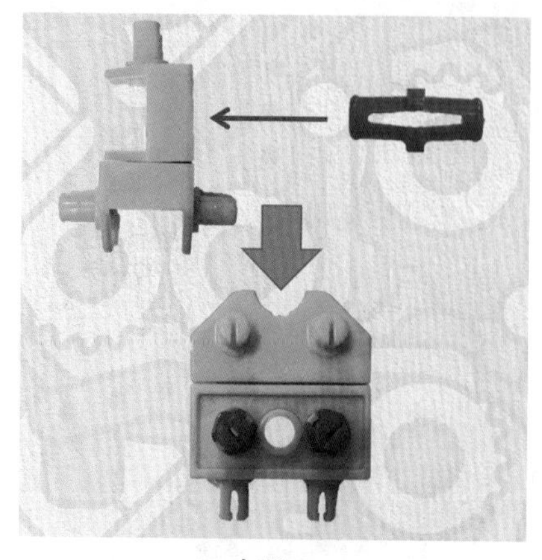

步骤7

步骤8

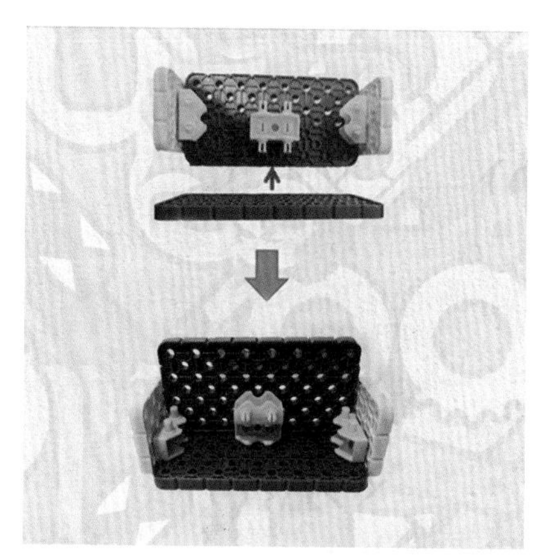

步骤9

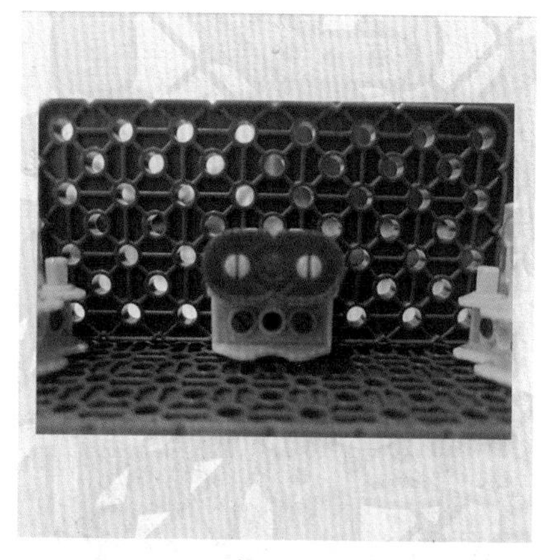

步骤10

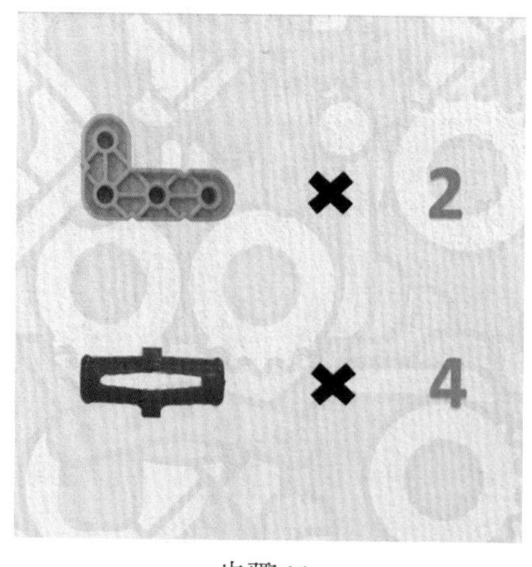

步骤11

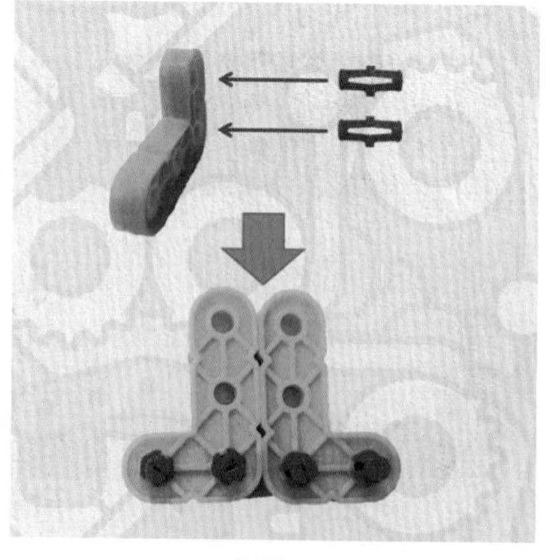

步骤12

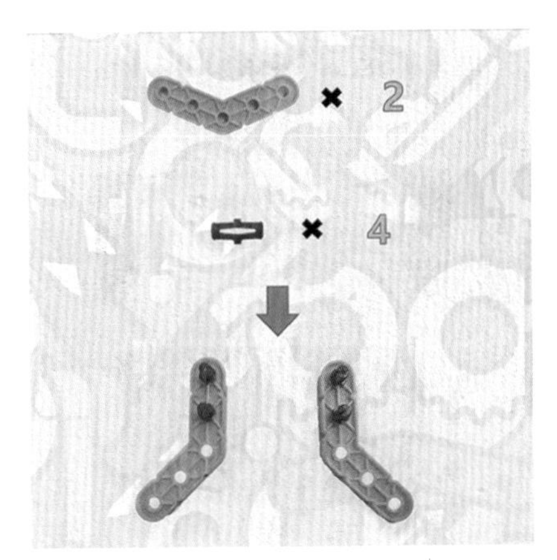

步骤13

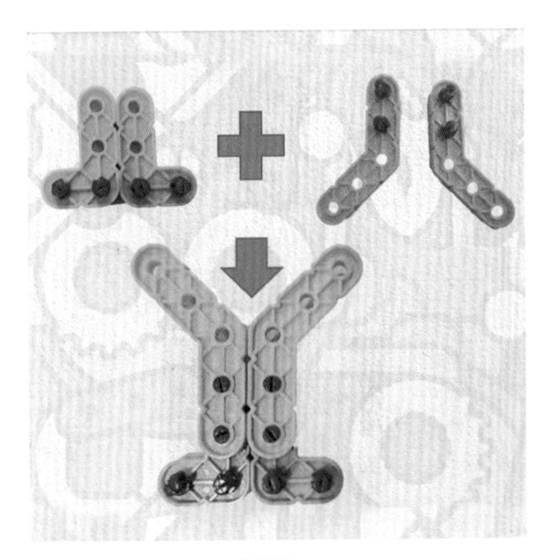
步骤14

步骤15

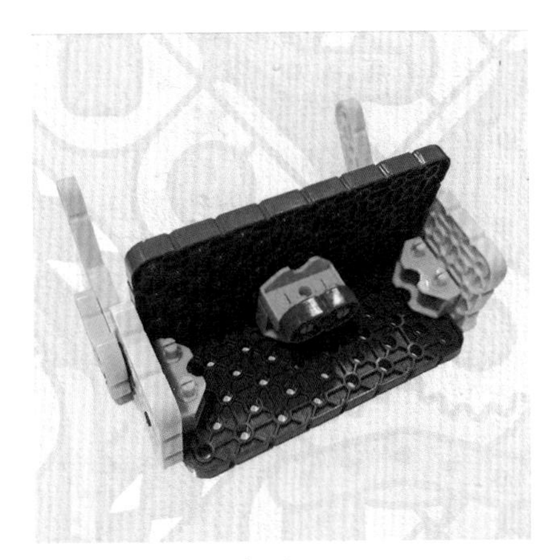
步骤16

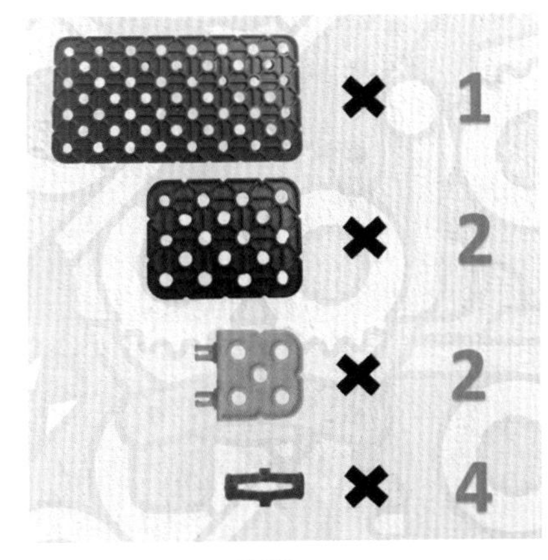

步骤17

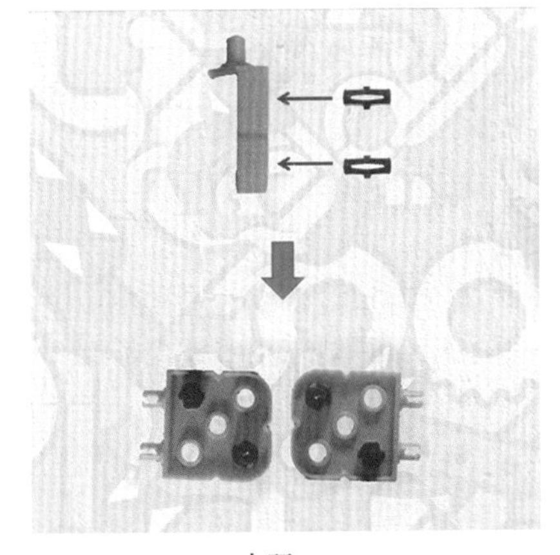
步骤18

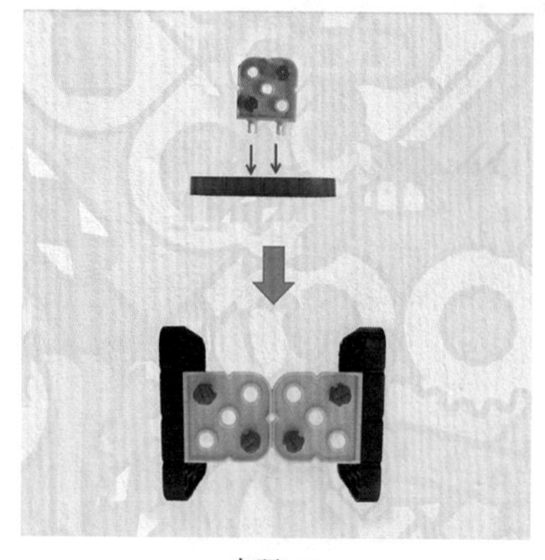

步骤19

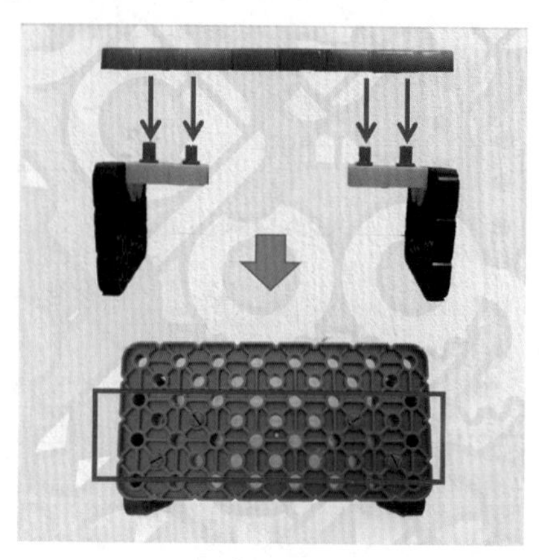

步骤20

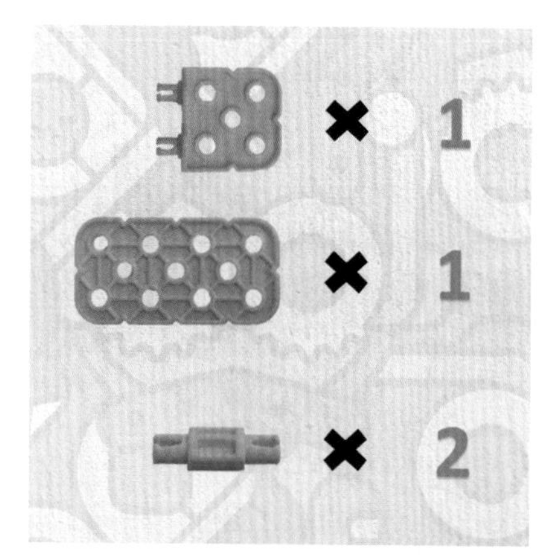

步骤21

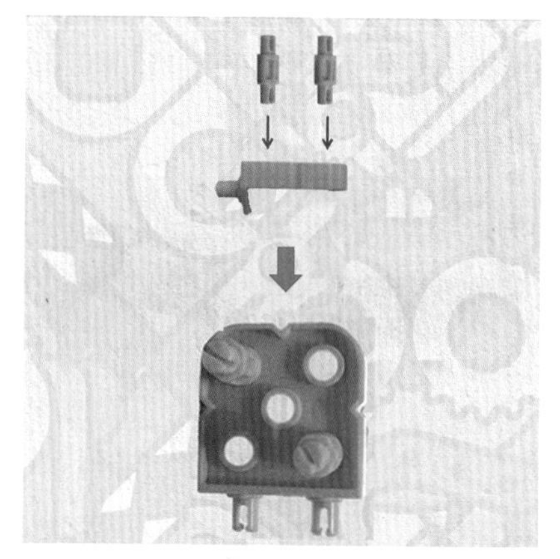

步骤22

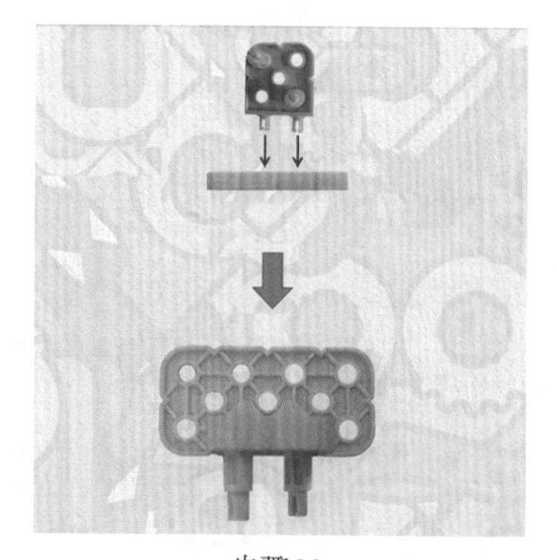

步骤23

步骤24

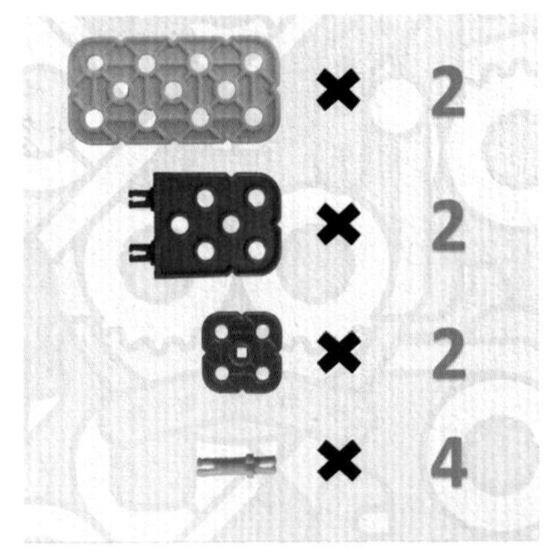

步骤25

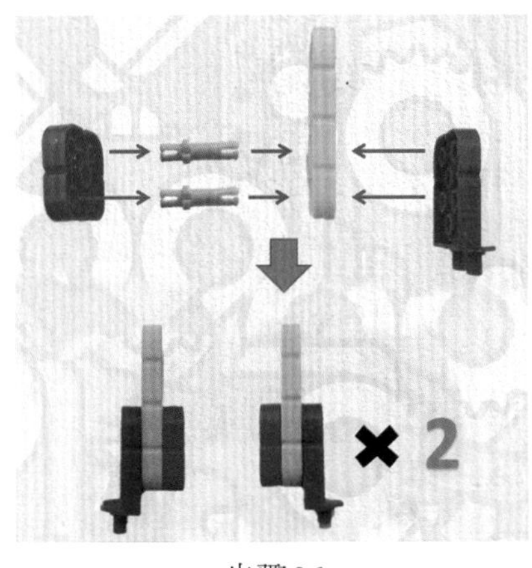

步骤26

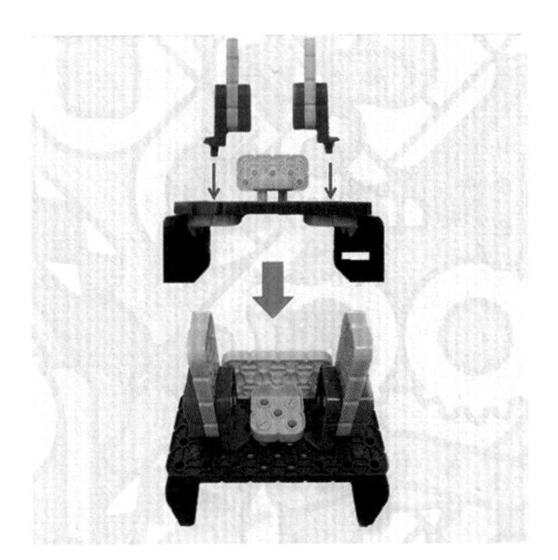

步骤27

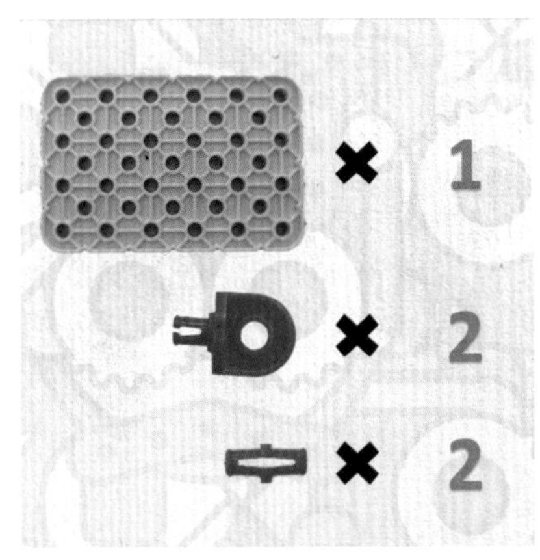

步骤28

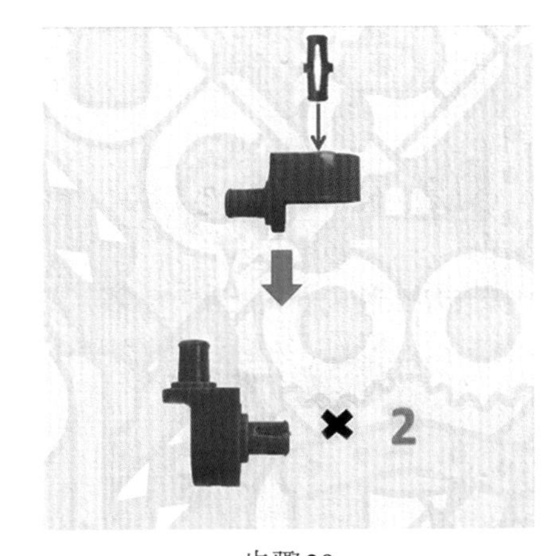

步骤29

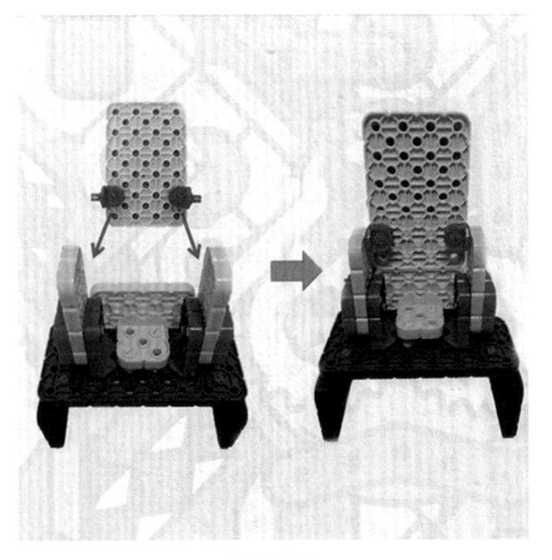

步骤30

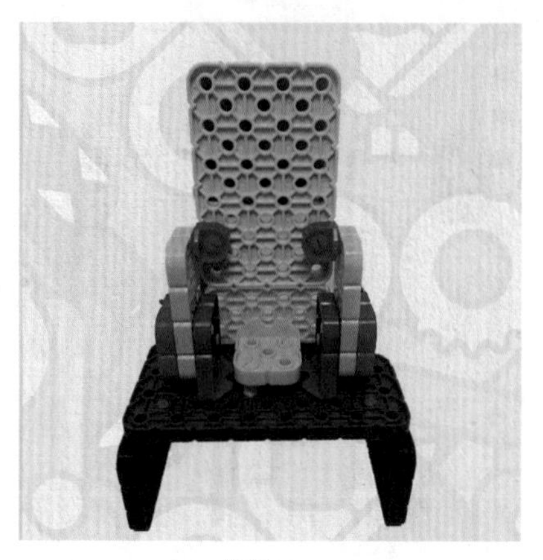

步骤31

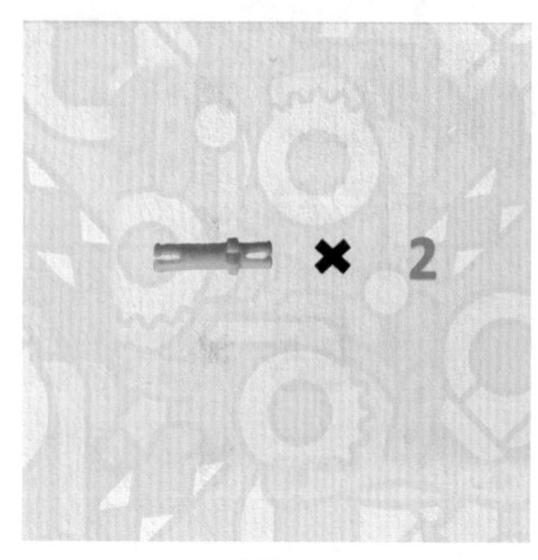

步骤32

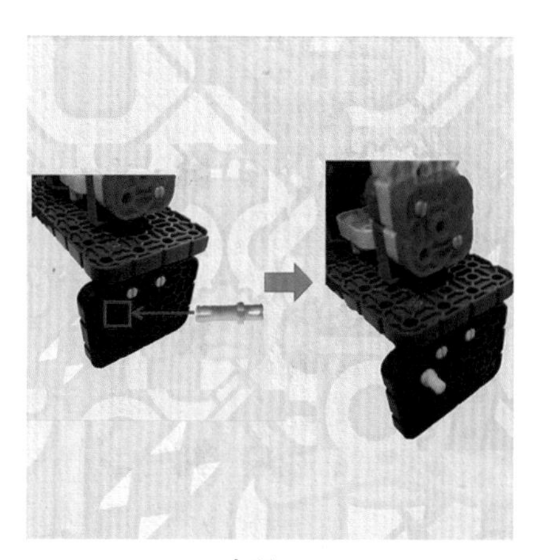

步骤33

步骤34

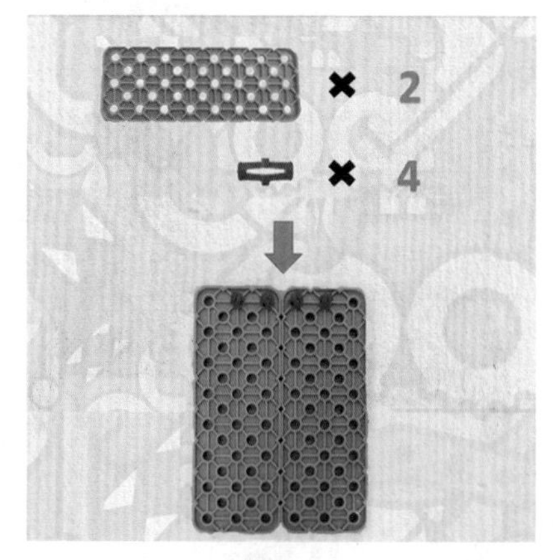

步骤35

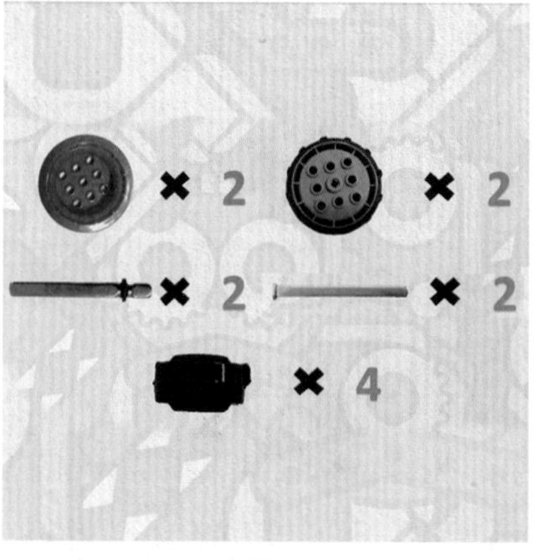

步骤36

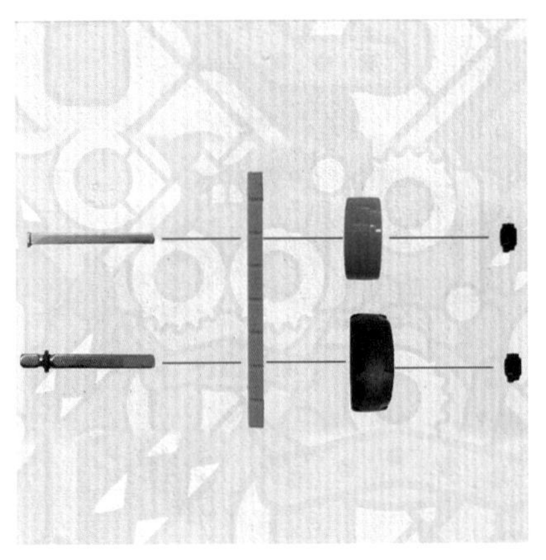

步骤37

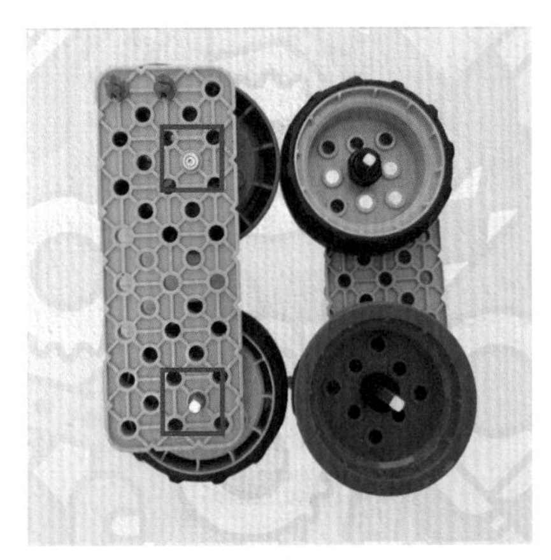

步骤38

步骤39

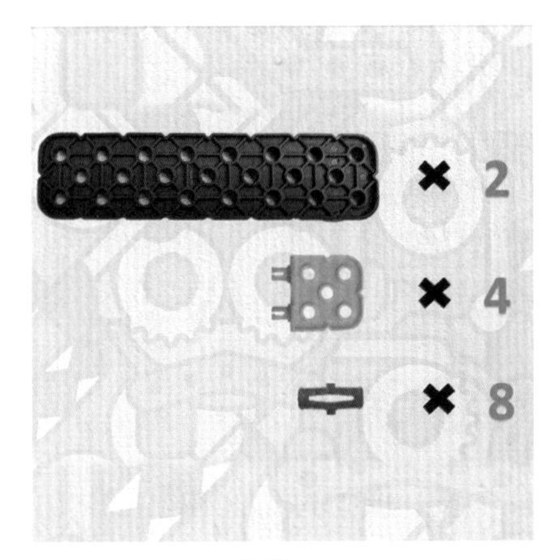

步骤40

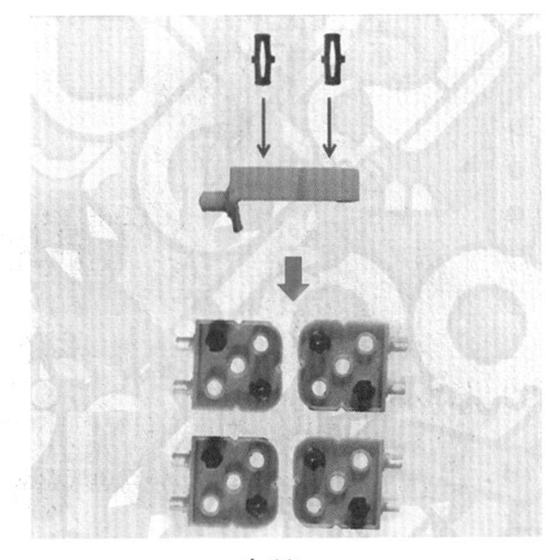

步骤41

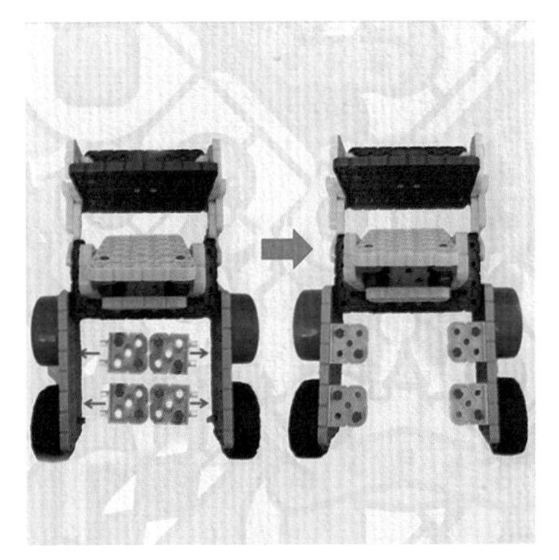

步骤42

步骤43

步骤44

4.2 翻斗车

学习任务

1. 设计稳固的底盘结构。

2. 搭建要求翻斗车分为车头、车身和底盘三部分。

3. 电机的安装。

4. 可抬升下落的机构。

5. 简单程序的编写。

教学建议

观察翻斗车的结构和功能特点，认识结构稳定性，注重搭建细节。

搭建步骤

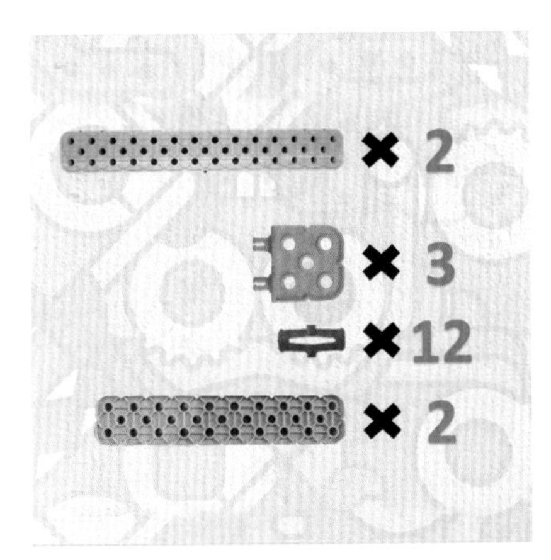

步骤1

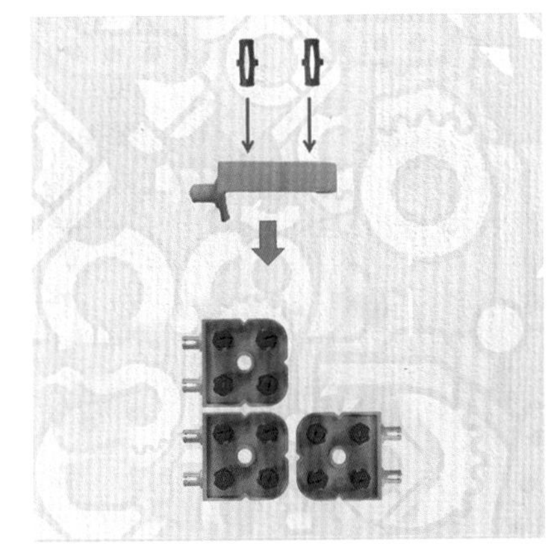
步骤2

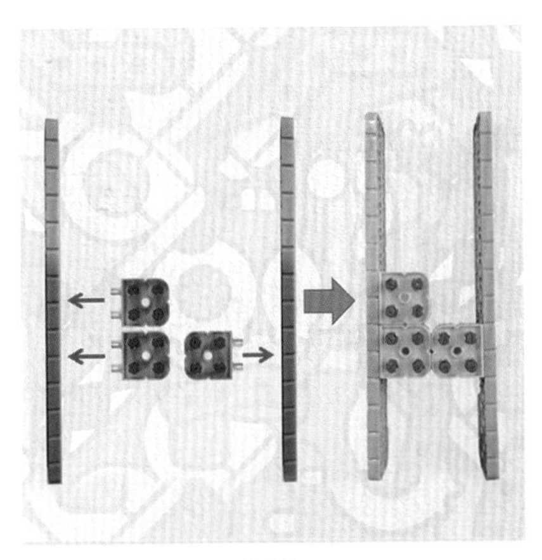
步骤3

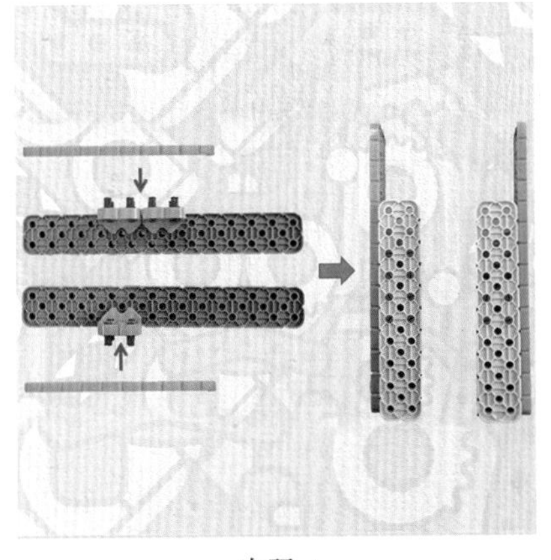
步骤4

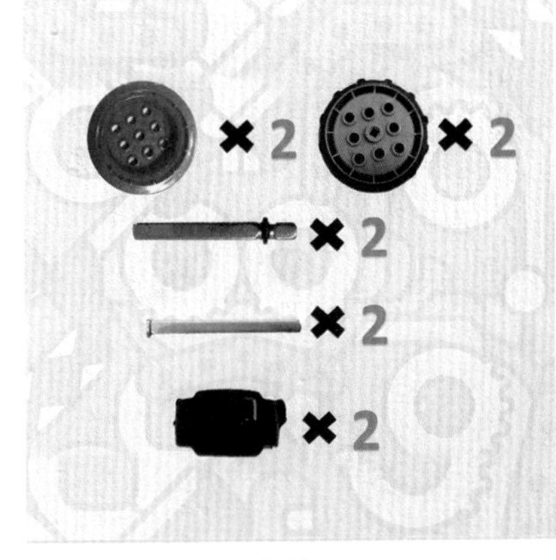

步骤5

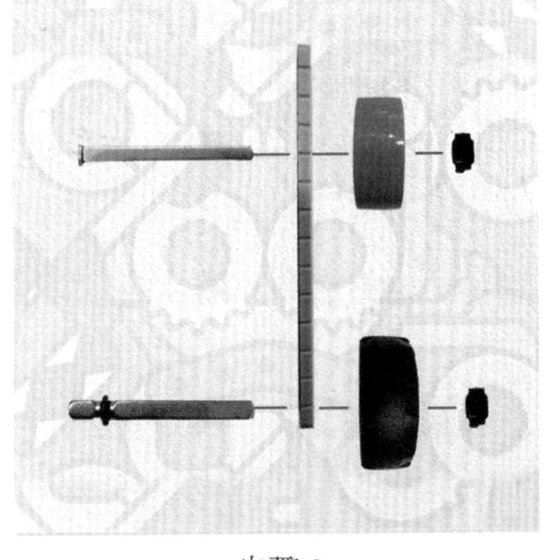
步骤6

步骤7

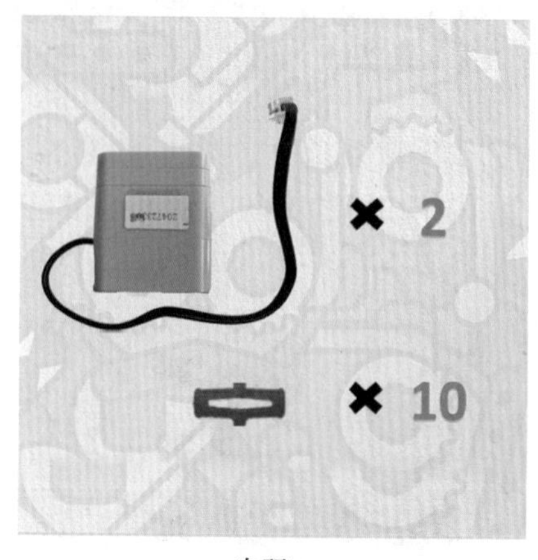

步骤8

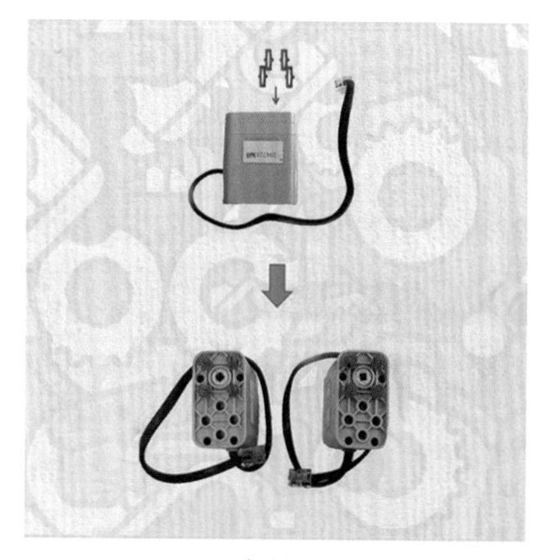
步骤9

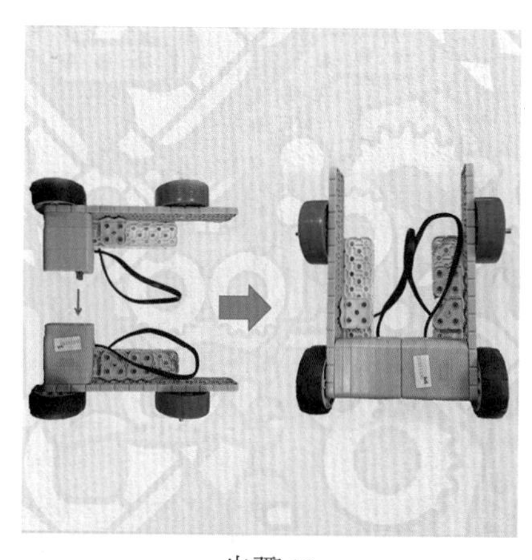
步骤10

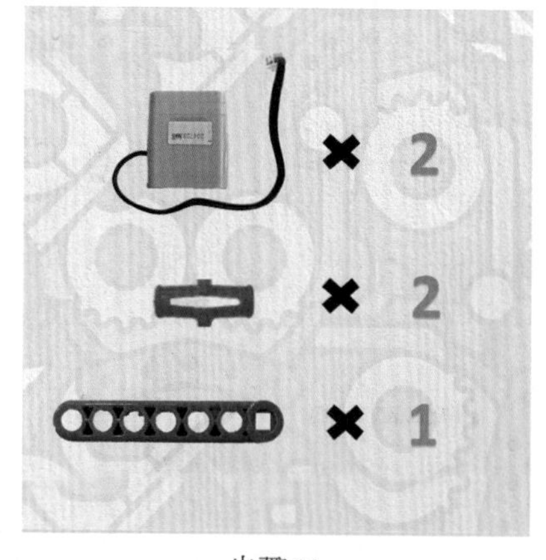

步骤11

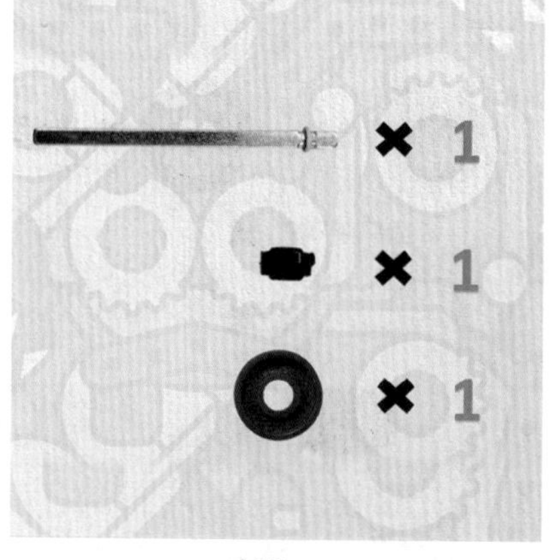

步骤12

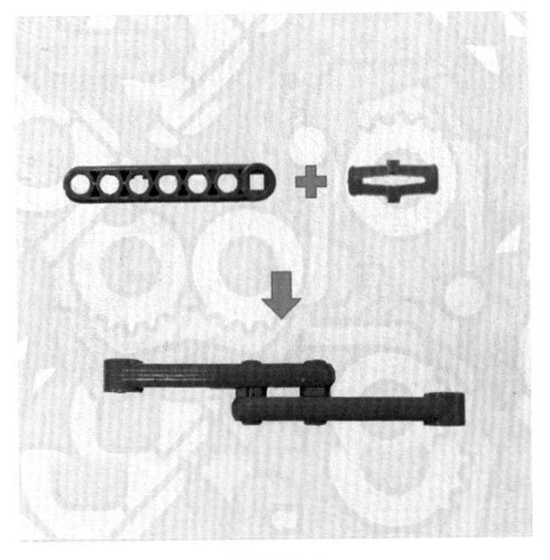
步骤13

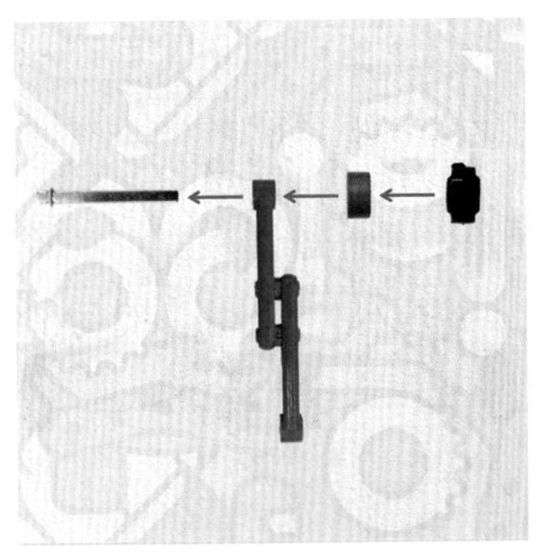
步骤14

步骤15

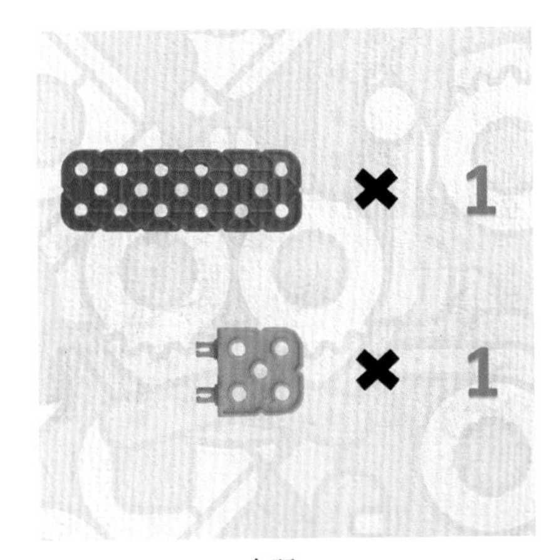

步骤16

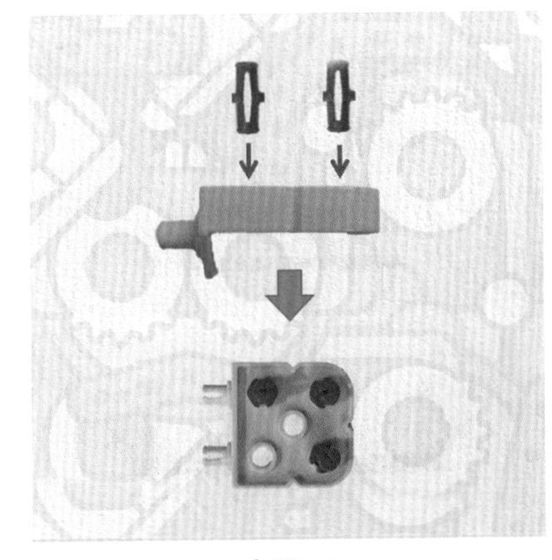
步骤17

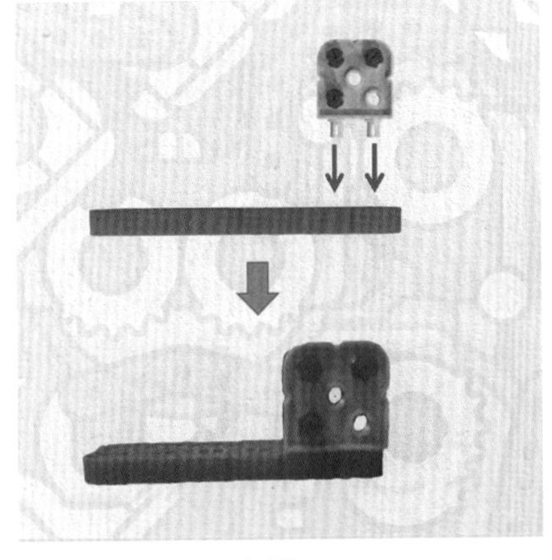
步骤18

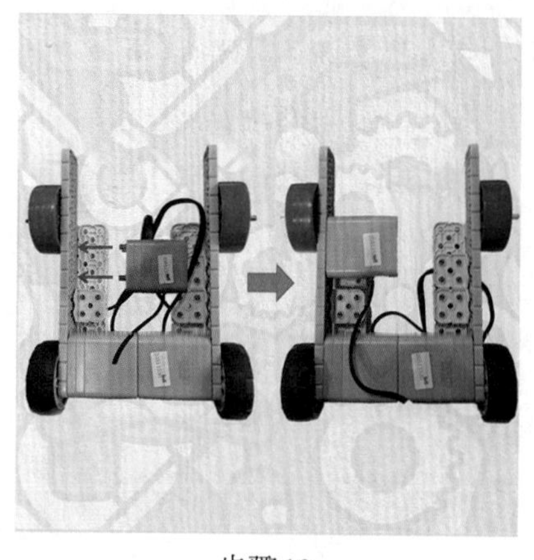

步骤19

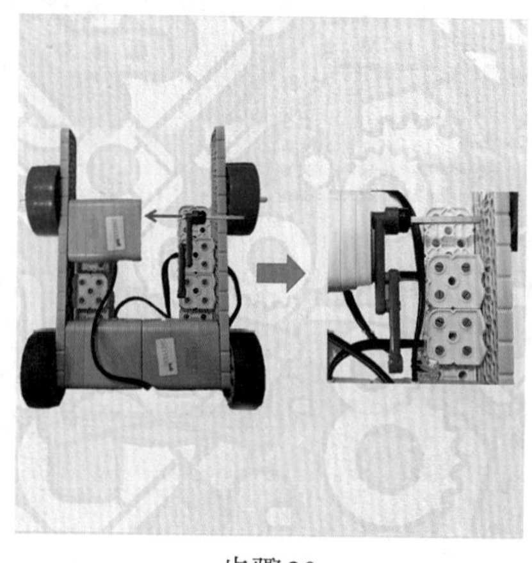

步骤20

步骤21

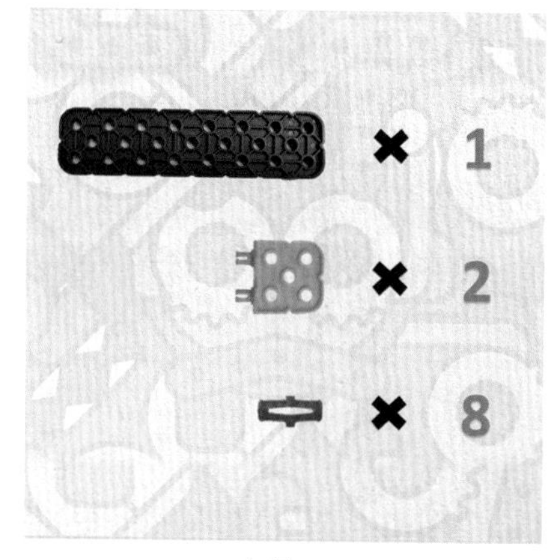

步骤22

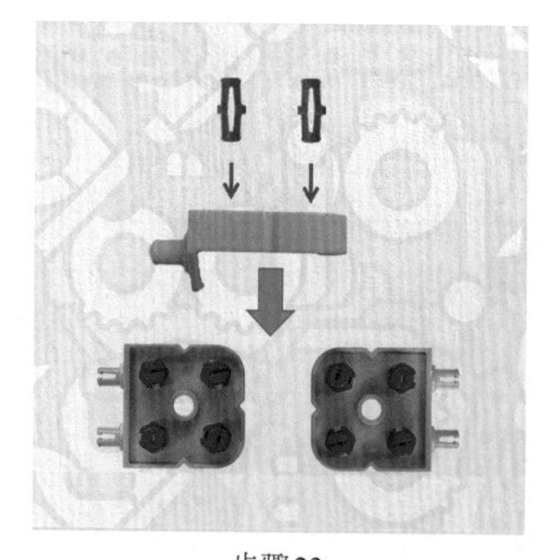

步骤23

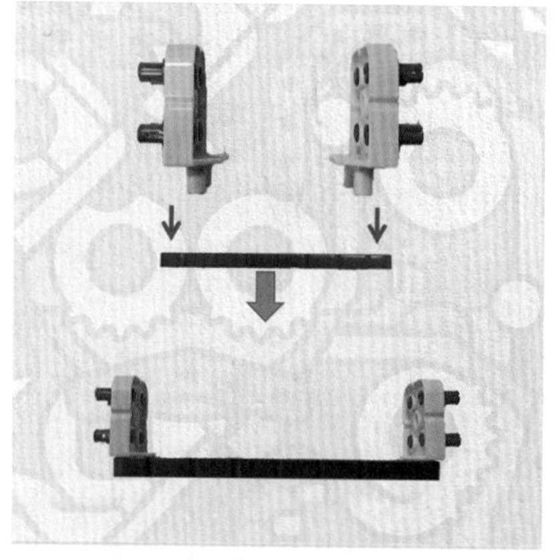

步骤24

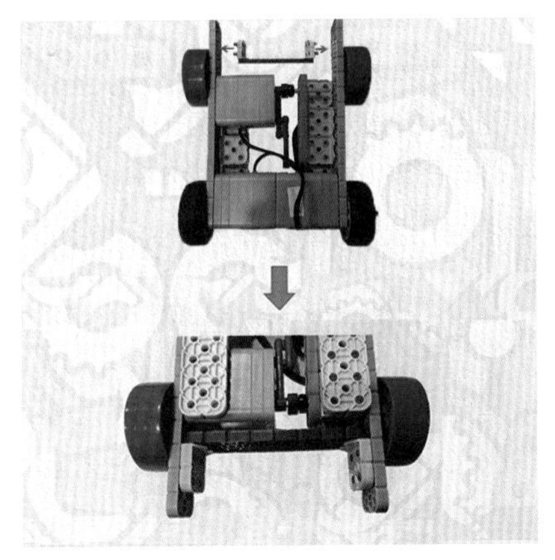
步骤25

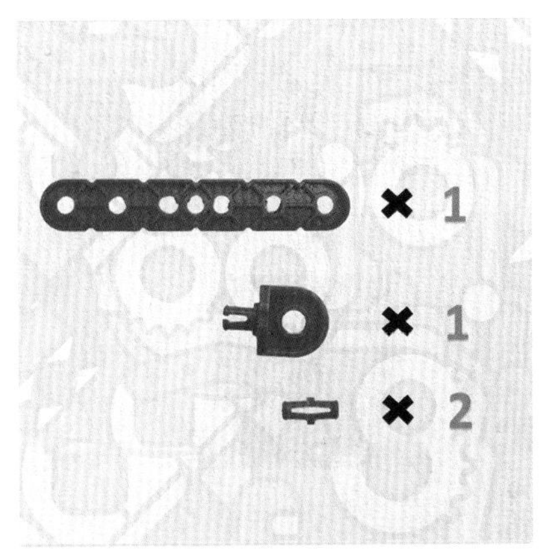

步骤26

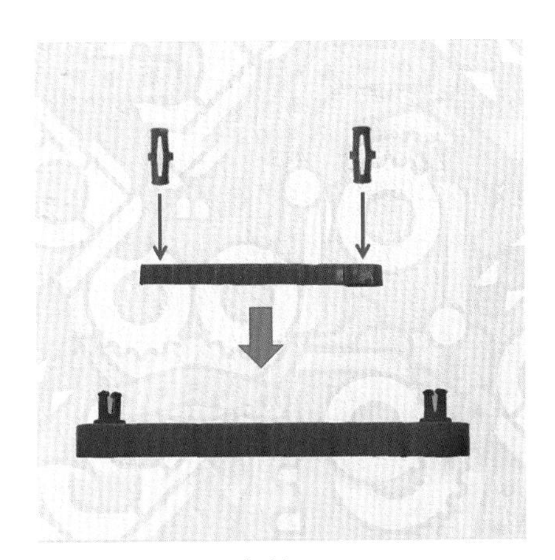
步骤27

步骤28

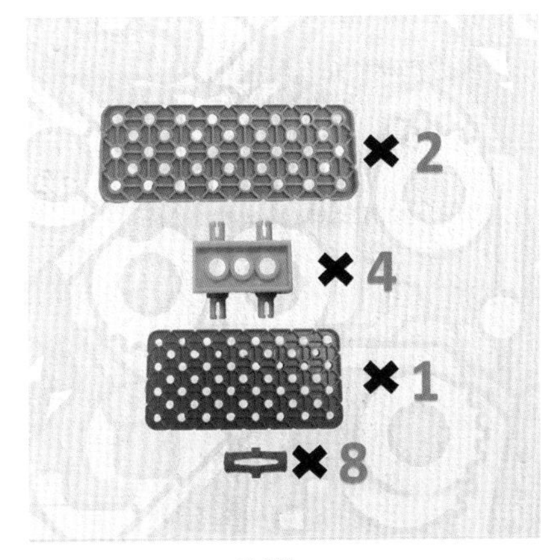

步骤29

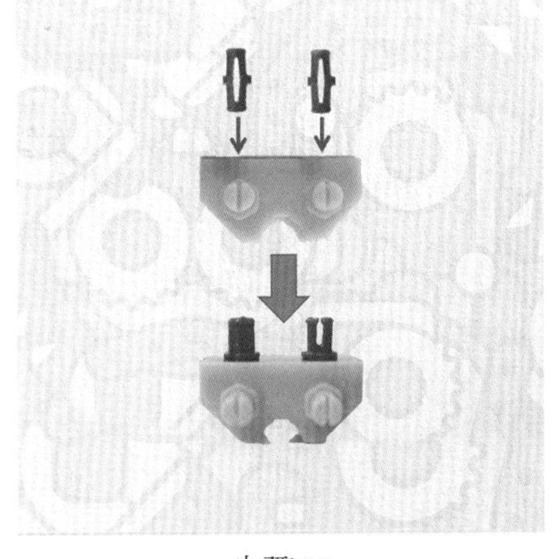
步骤30

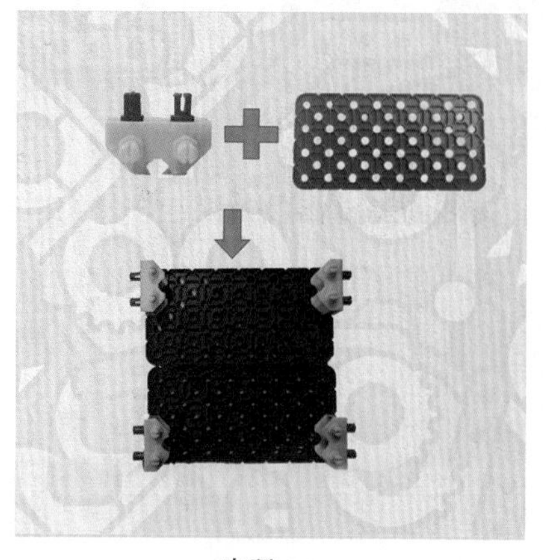

步骤31

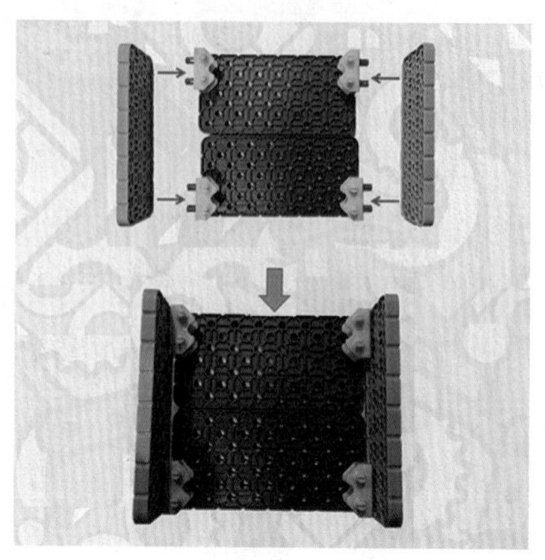

步骤32

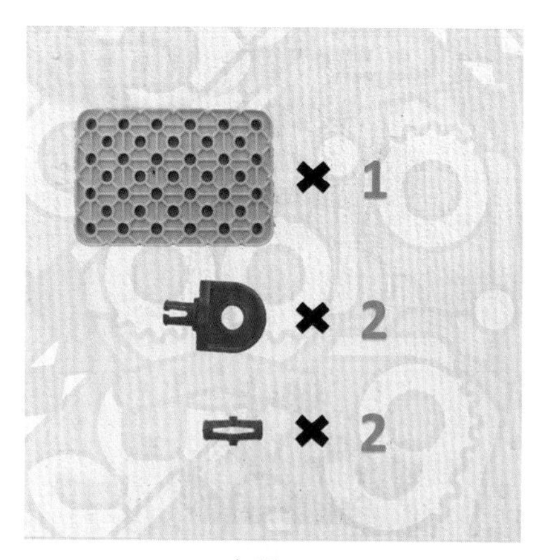

步骤33

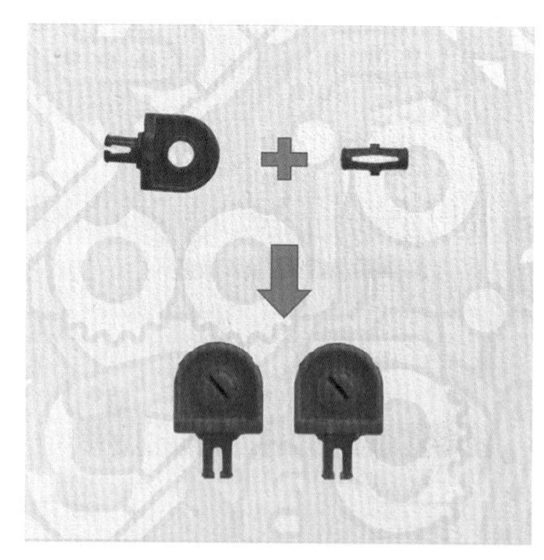

步骤34

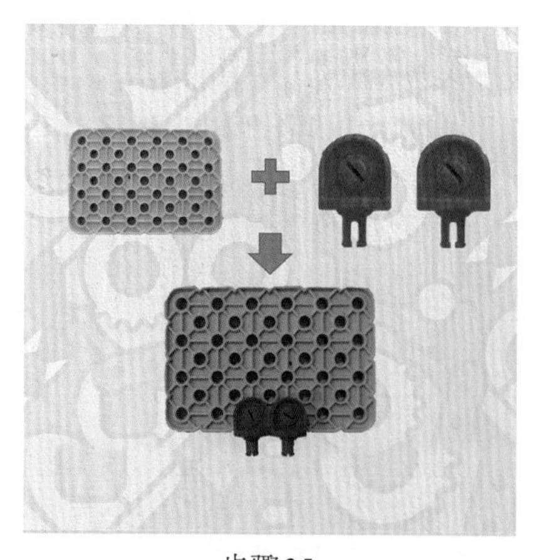

步骤35

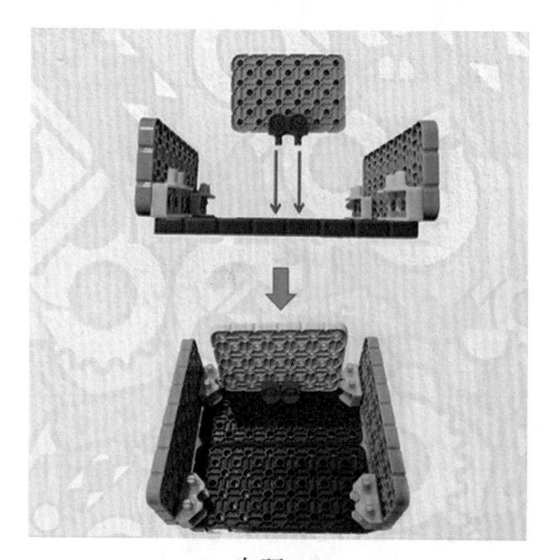

步骤36

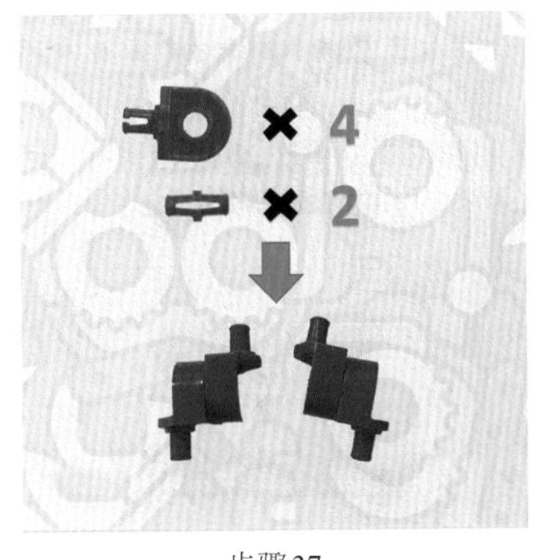

步骤37

步骤38

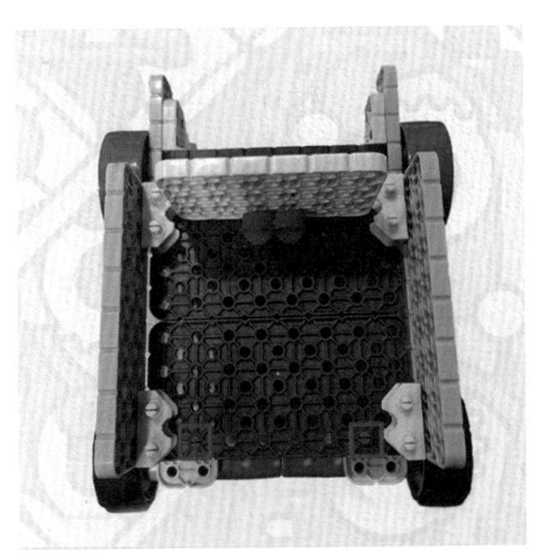

步骤39

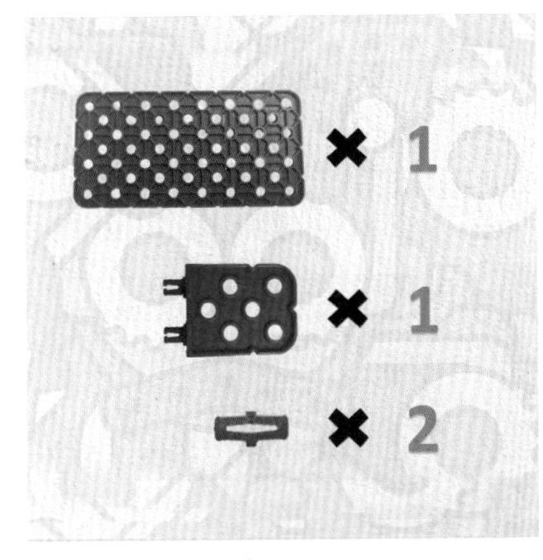

步骤40

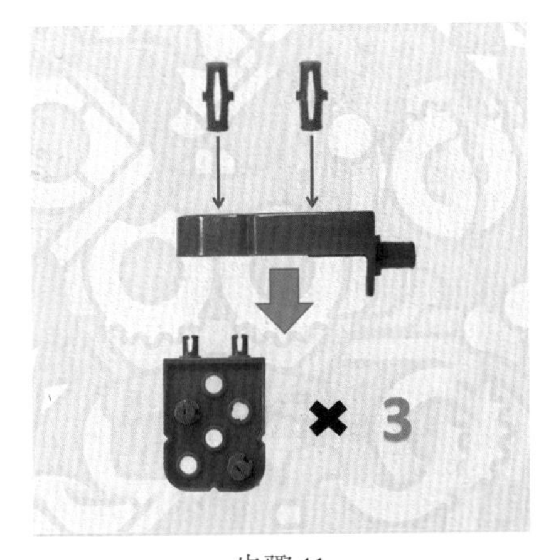

步骤41

步骤42

步骤43

步骤44

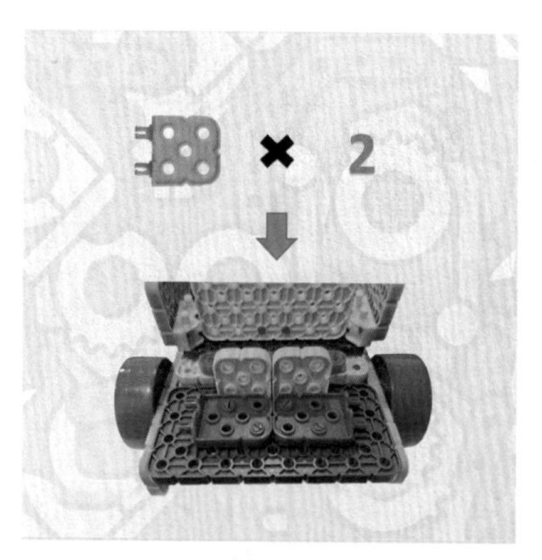

步骤45

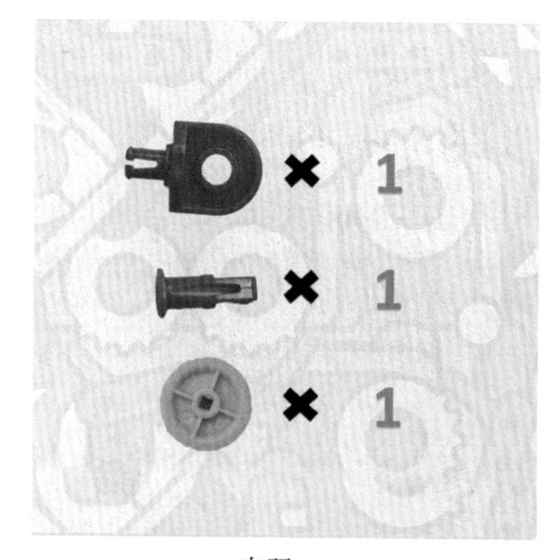

步骤46

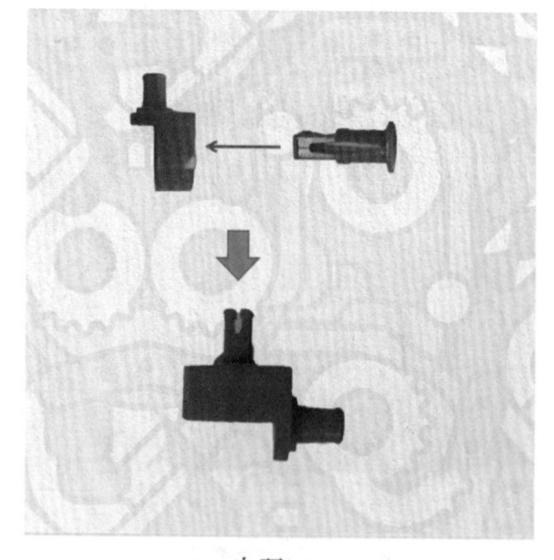
步骤47

步骤48

步骤49

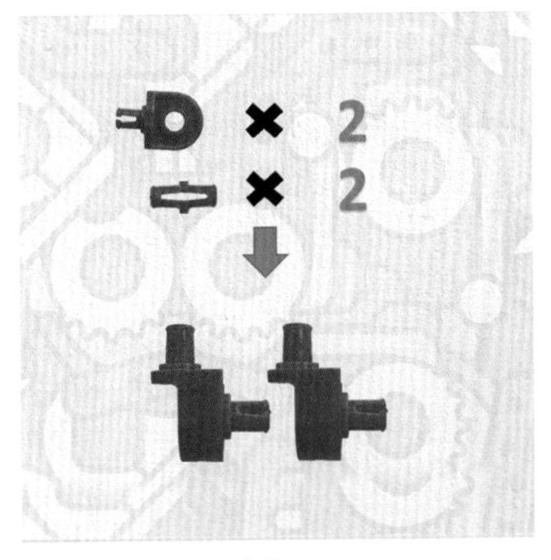

步骤50

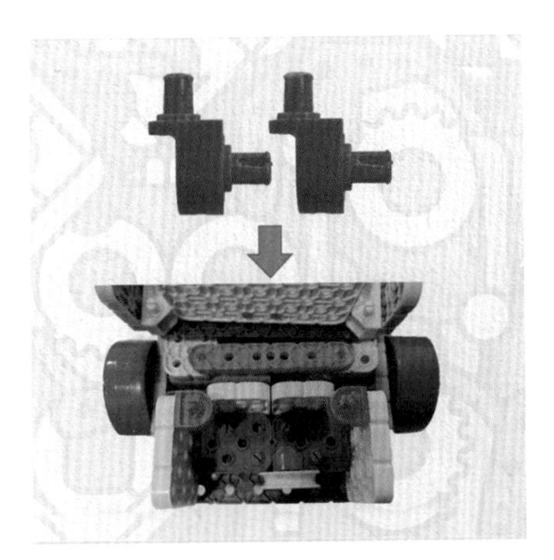

步骤51

步骤52

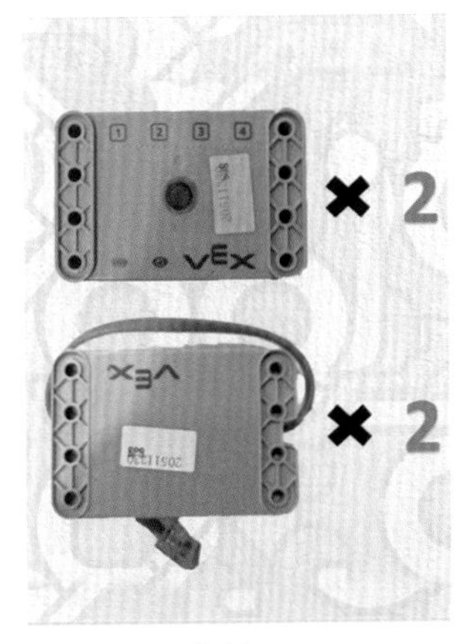

步骤53

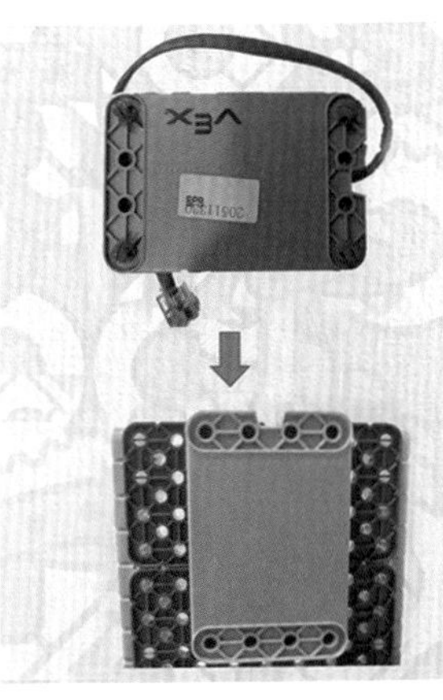

步骤54

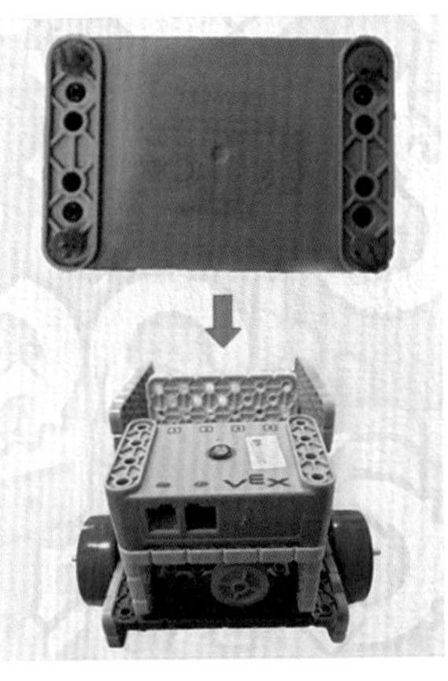

步骤55

编程示范

小车硬件配置步骤及程序编写如下。

① 建立“翻斗车”程序。

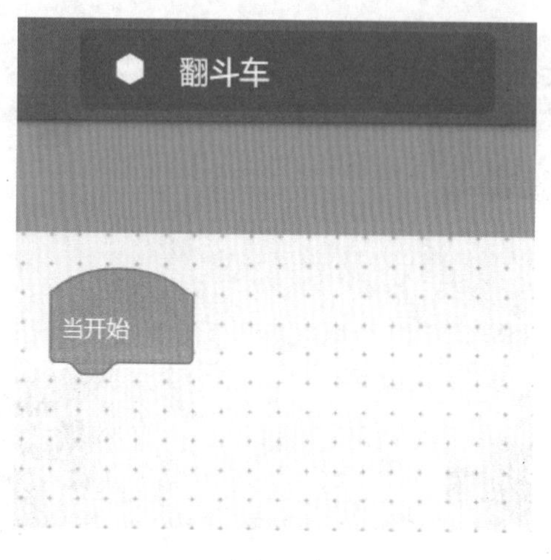

建立程序

② 选择“CUSTOM ROBOT”—“DRIVETRAIN”进行底盘设置，左电机对应端口1，右电机对应端口4。

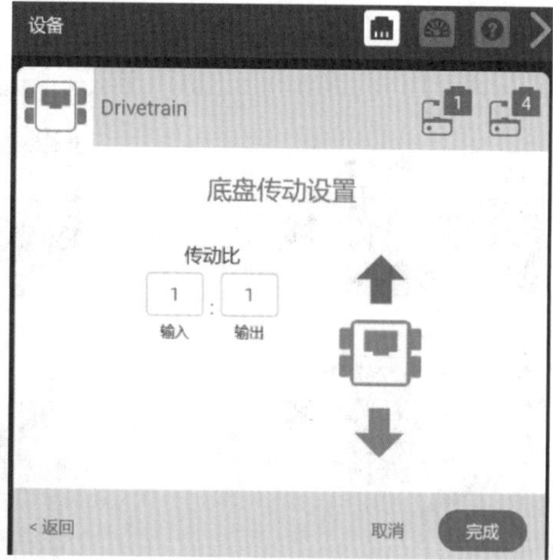

底盘设置

③ 添加翻斗电机到端口2。

电机设置

④ 完成后硬件配置如下图所示。

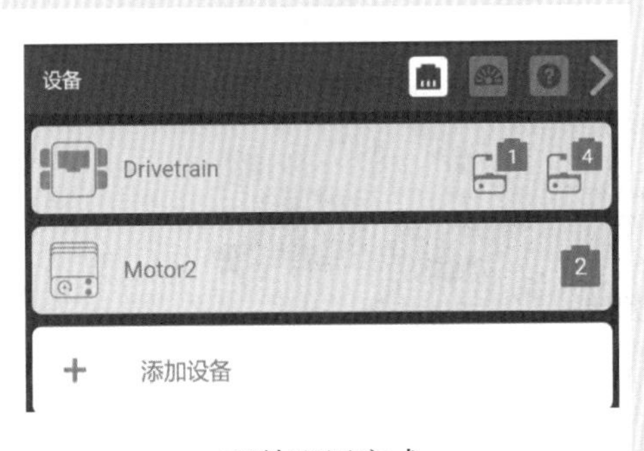

硬件配置完成

⑤ 程序示例：小车向前移动一段距离后，翻斗卸车两次。

程序示例

4.3 搅拌车

学习任务

1. 运用稳固的底盘结构搭建模型。
2. 搭建要求水泥搅拌车分为车头、搅拌筒和底盘三部分。
3. 安装电机。
4. 搅拌筒可以旋转。
5. 编写简单程序。

教学建议

观察水泥搅拌车的结构，了解其功能特点，着重了解搅拌筒圆周运动，注重搭建细节，学习运用简单程序。

学习目标

1. 巩固搭建底盘结构。
2. 搭建可做圆周运动的旋转筒。
3. 锻炼动手能力。
4. 学习并运用简单的程序。

关键词：圆周运动。

搭建步骤

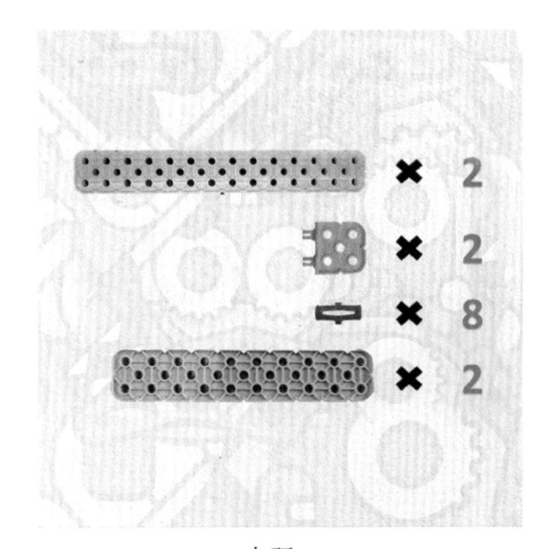

步骤1

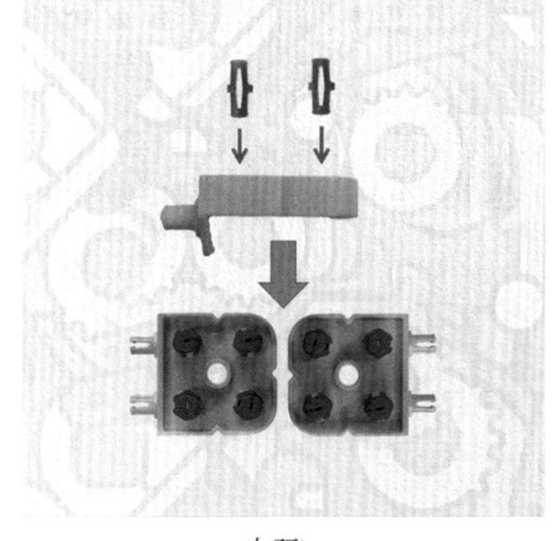

步骤2

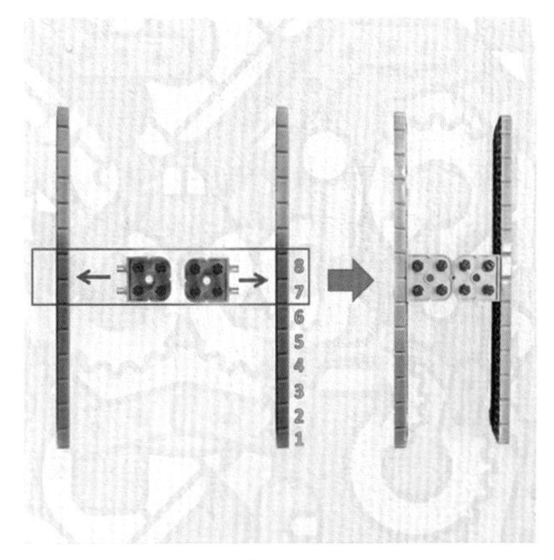

步骤3

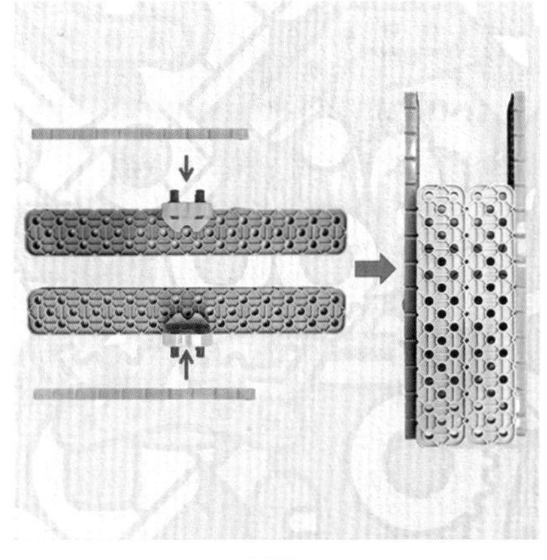

步骤4

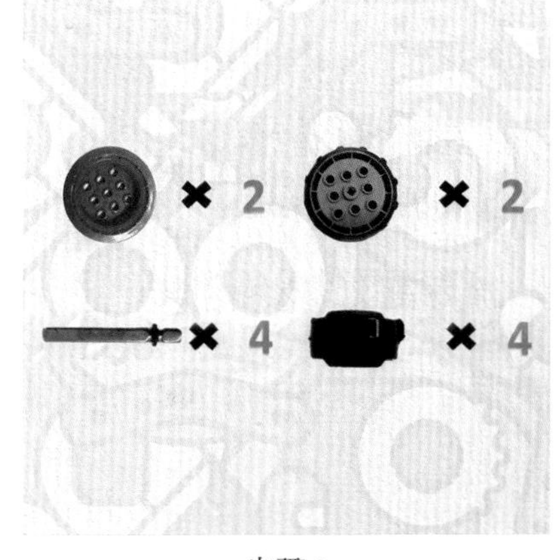

步骤5

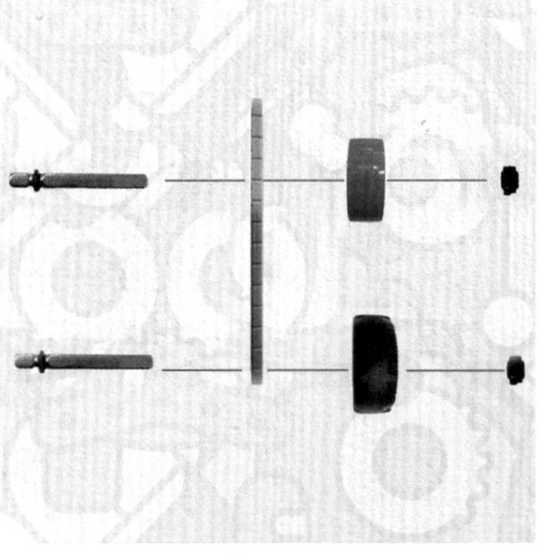

步骤6

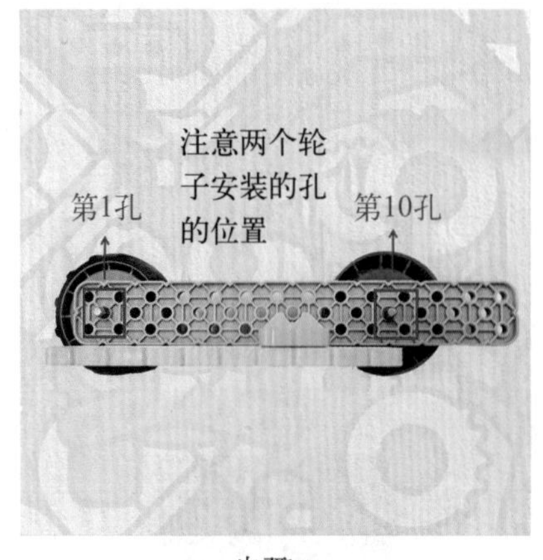

步骤7

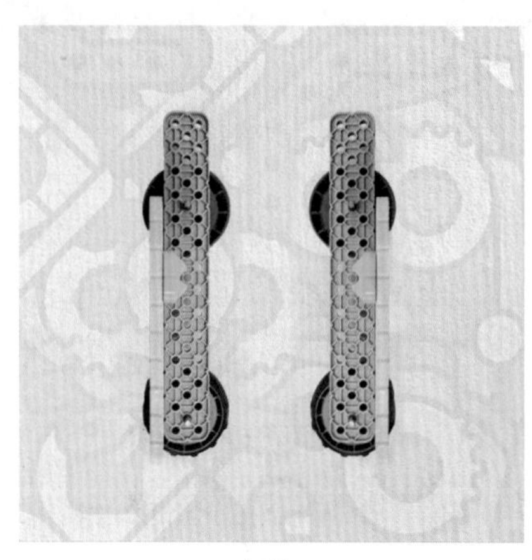
步骤8

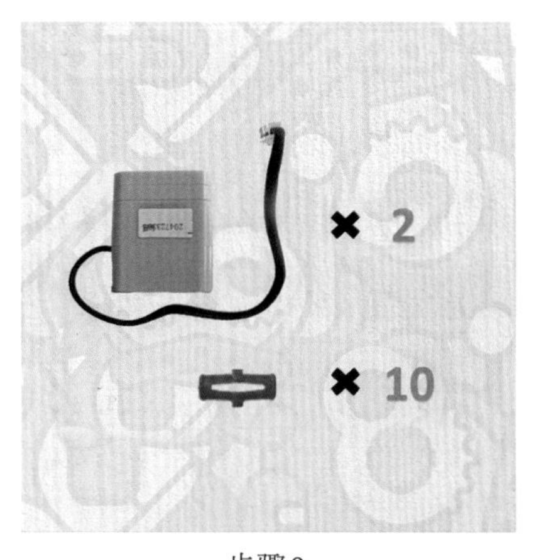

步骤9

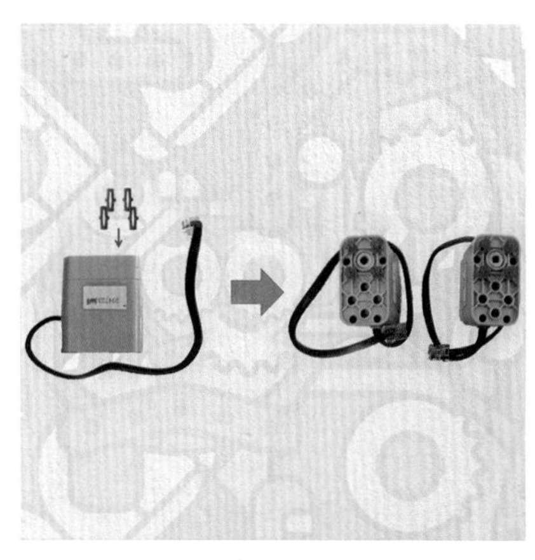
步骤10

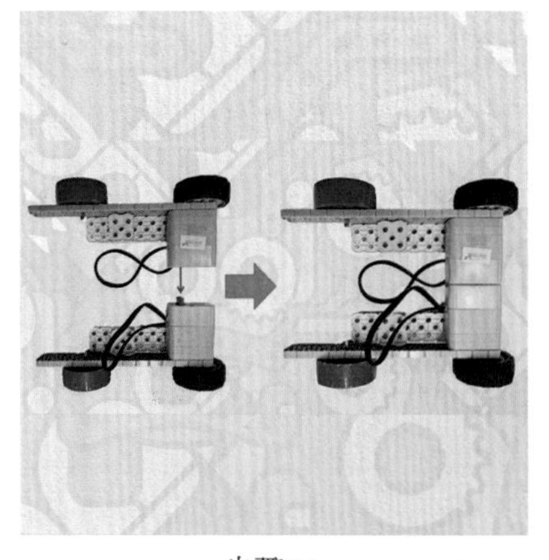
步骤11

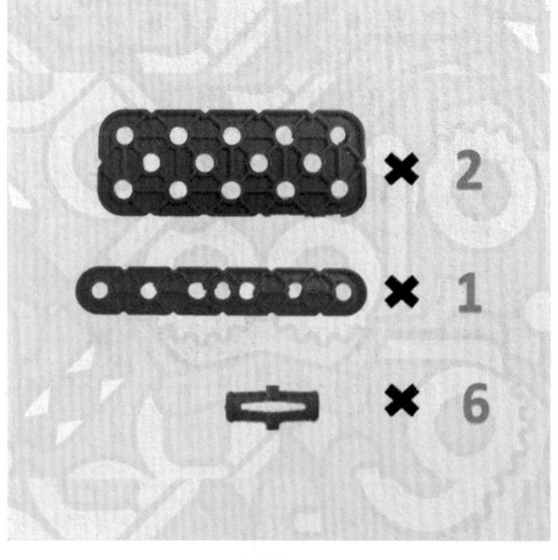

步骤12

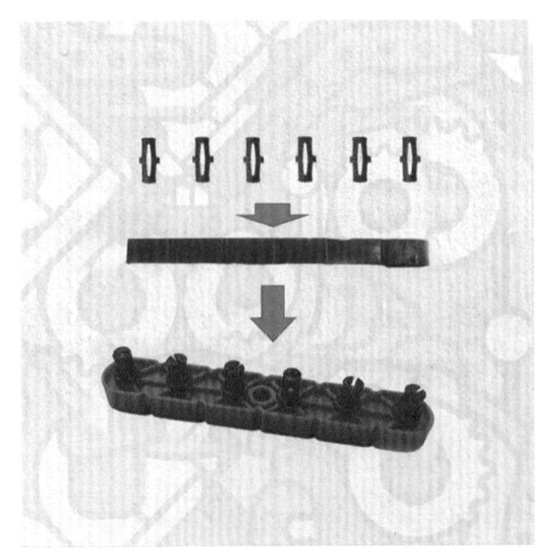

步骤13

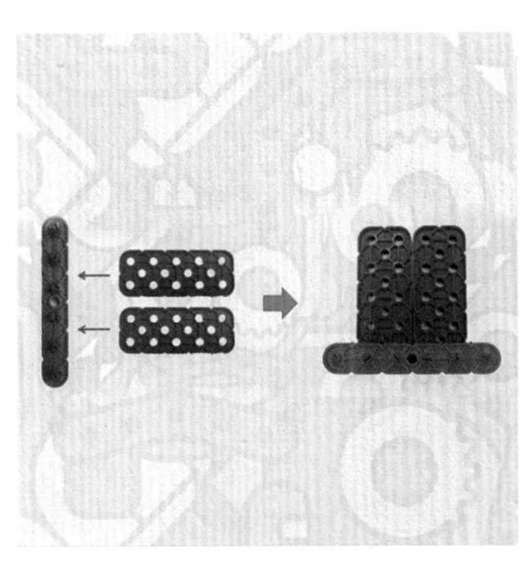

步骤14

步骤15

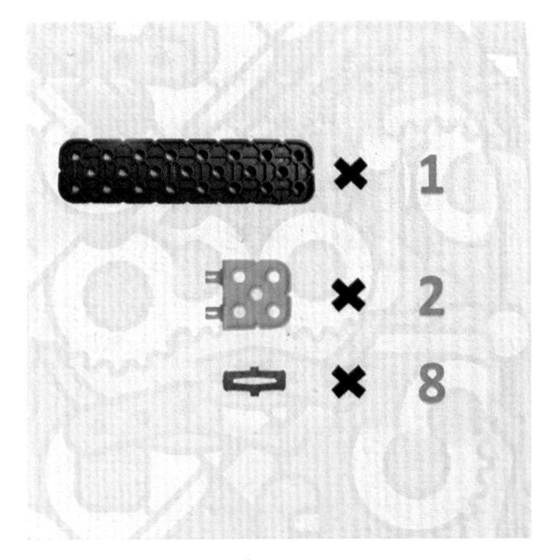

步骤16

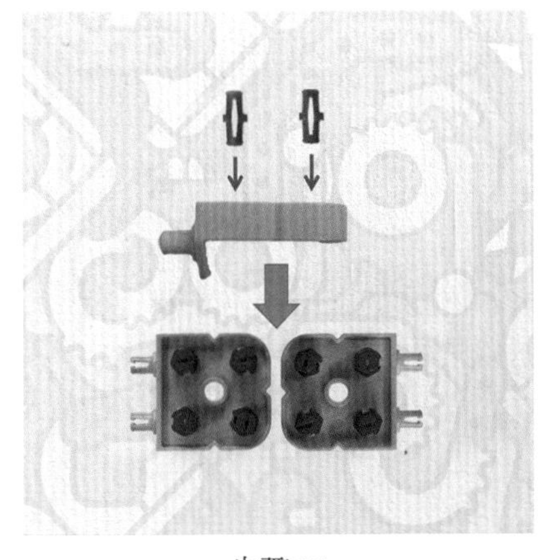

步骤17

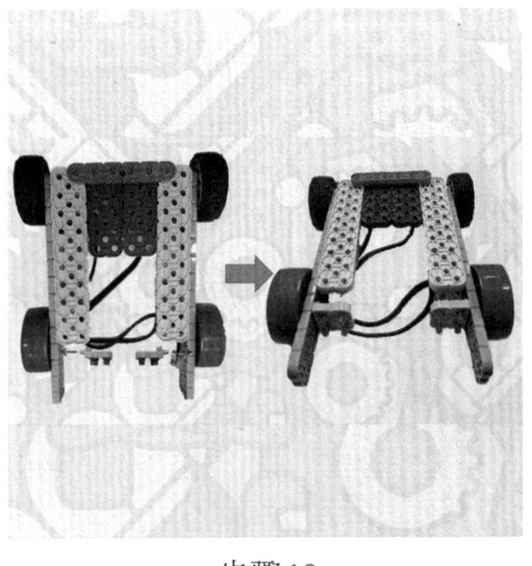

步骤18

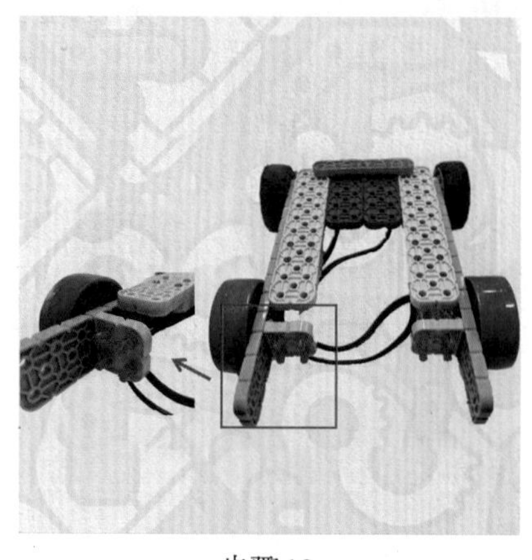

步骤19

步骤20

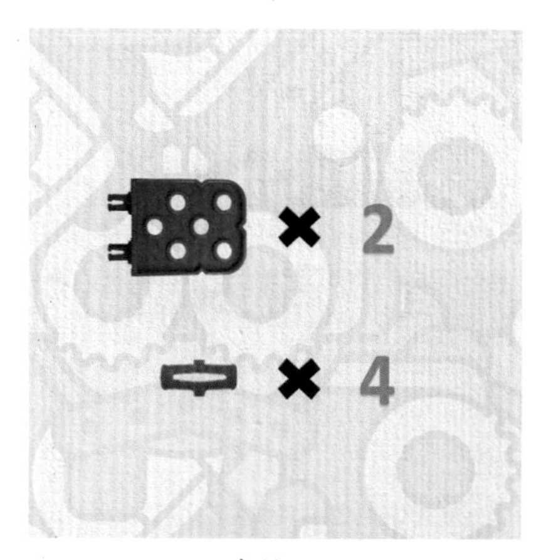

步骤21

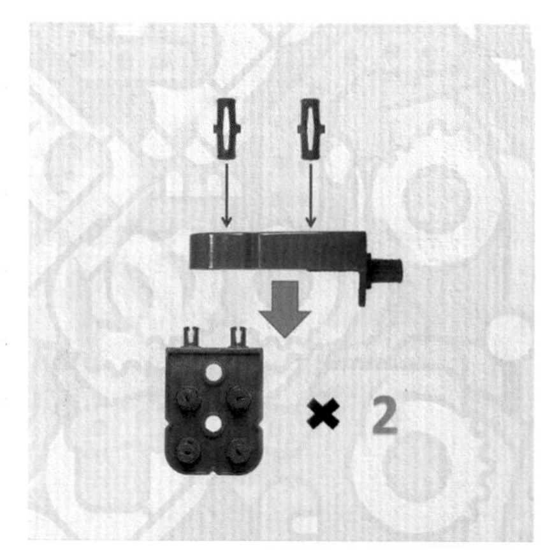

步骤22

步骤23

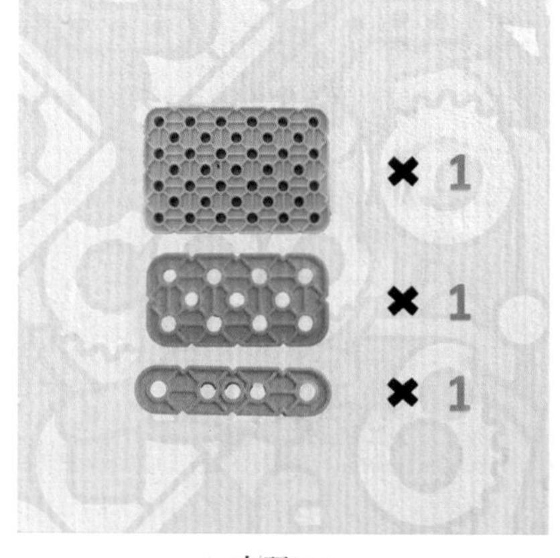

步骤24

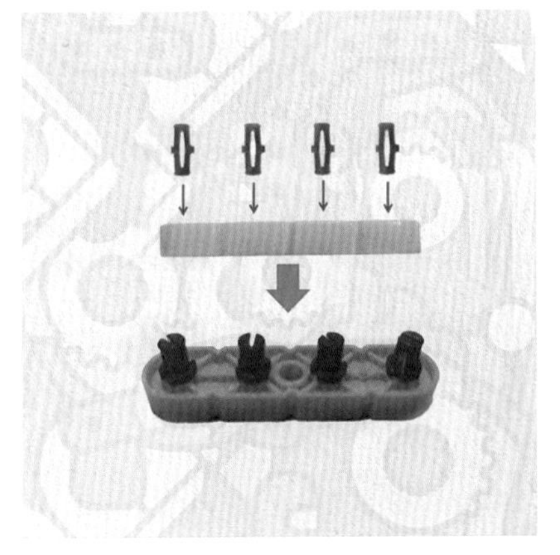

步骤25

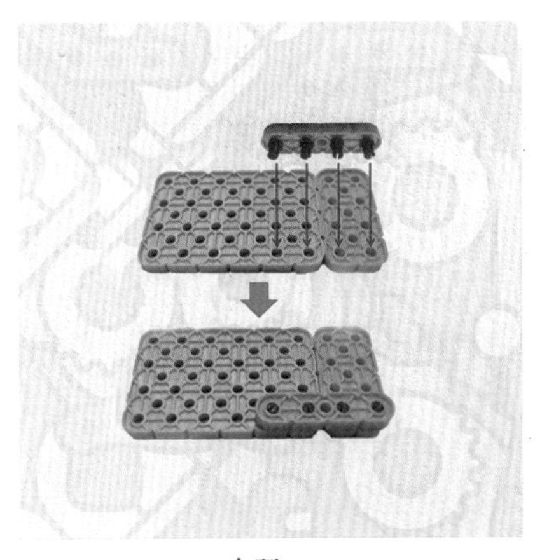

步骤26

步骤27

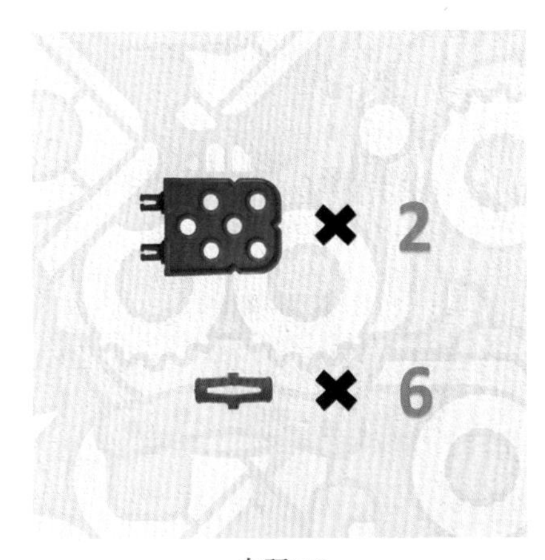

步骤28

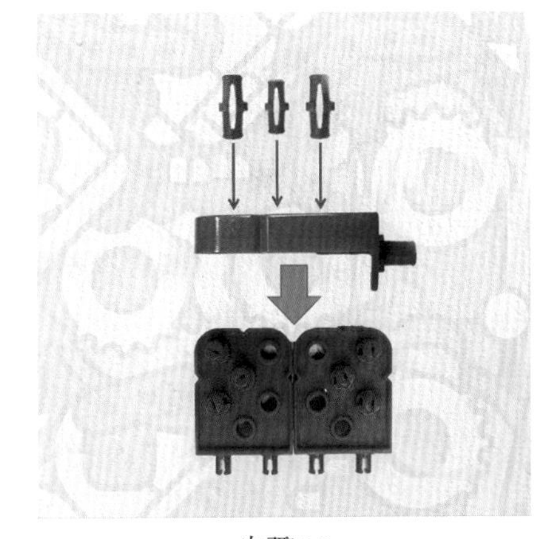

步骤29

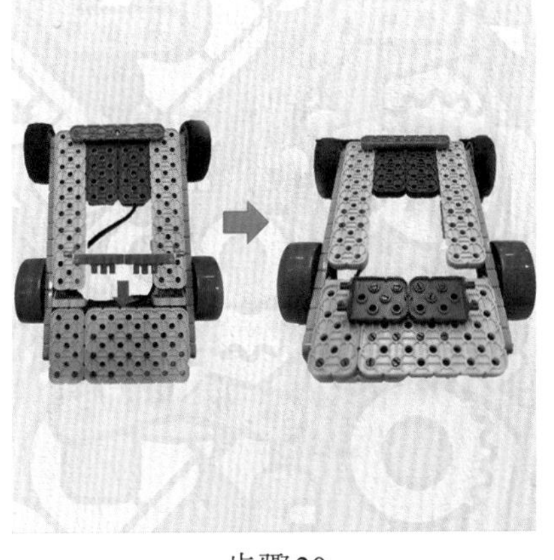

步骤30

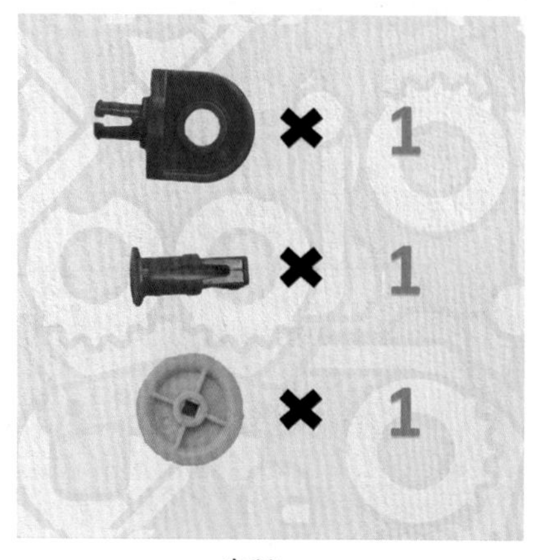

步骤31

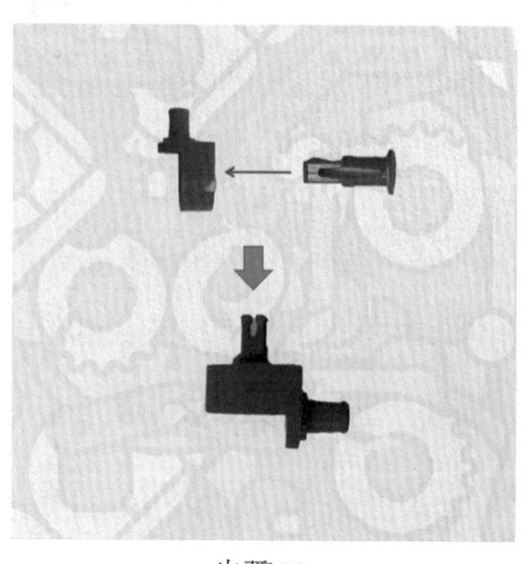

步骤32

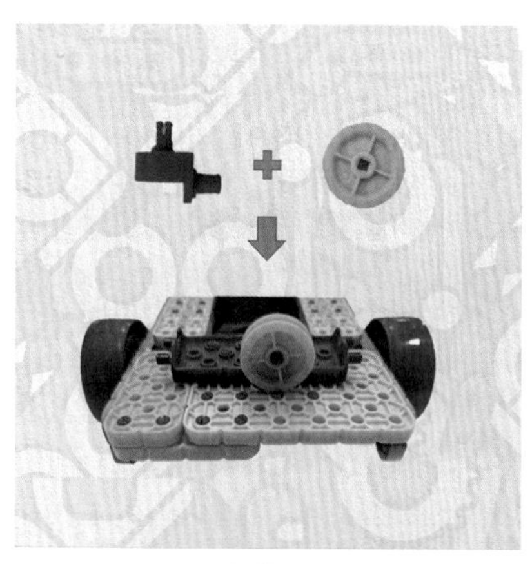

步骤33

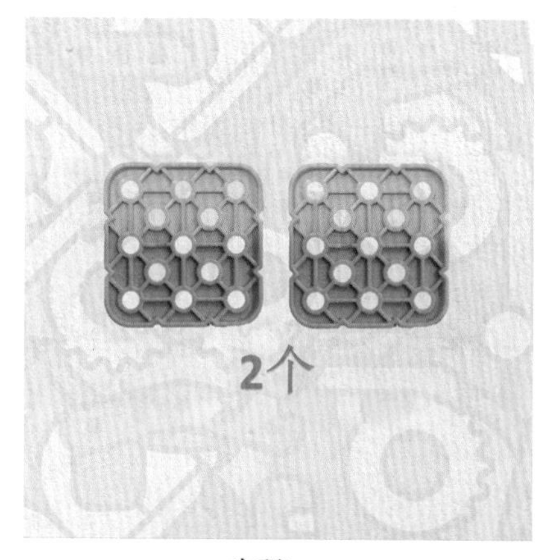

步骤34

步骤35

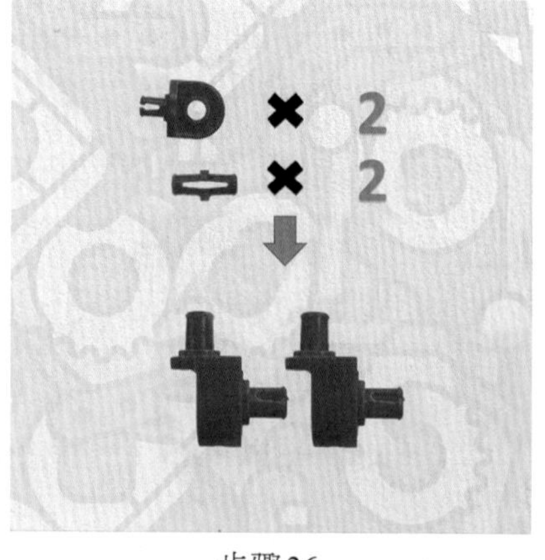

步骤36

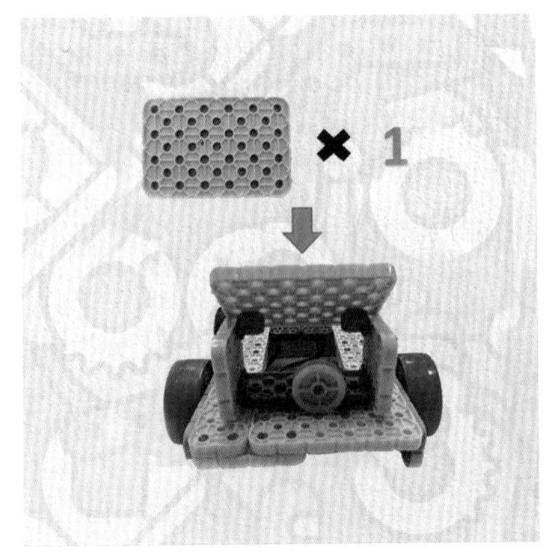

步骤37

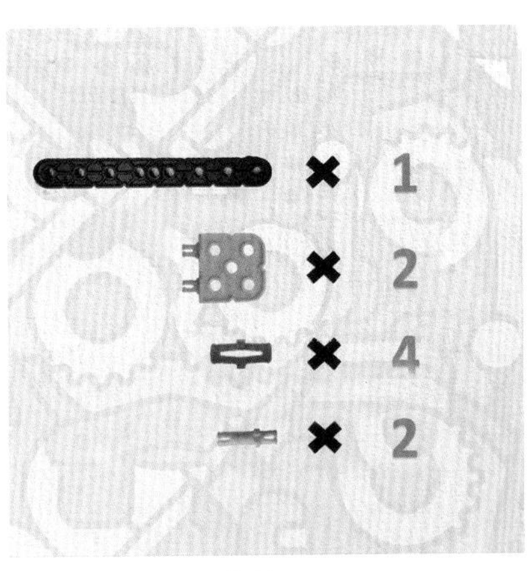

步骤38

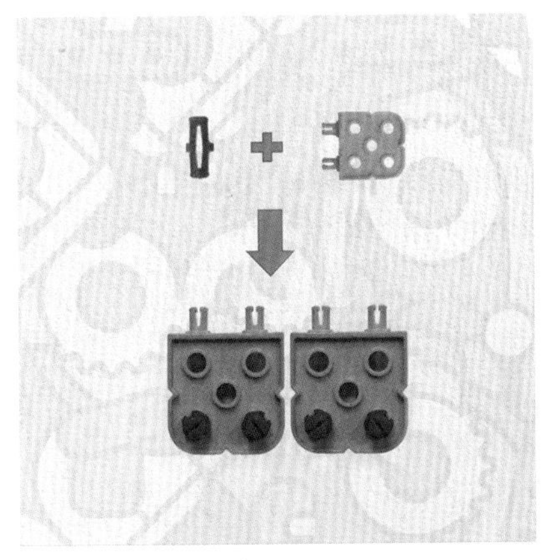

步骤39

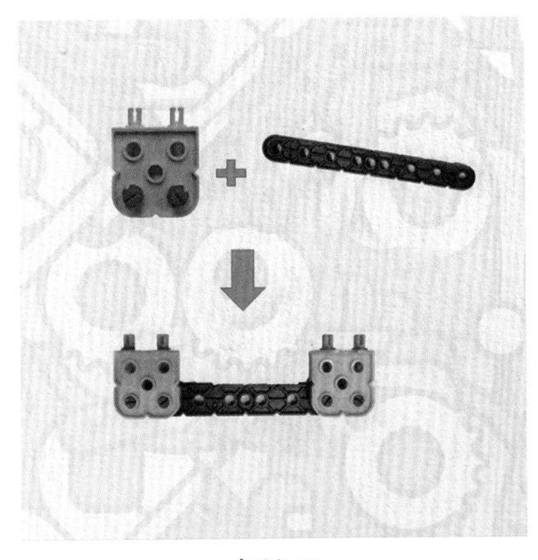

步骤40

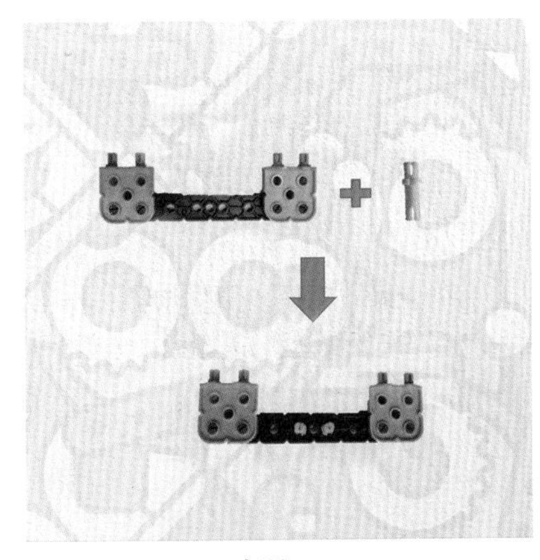

步骤41

步骤42

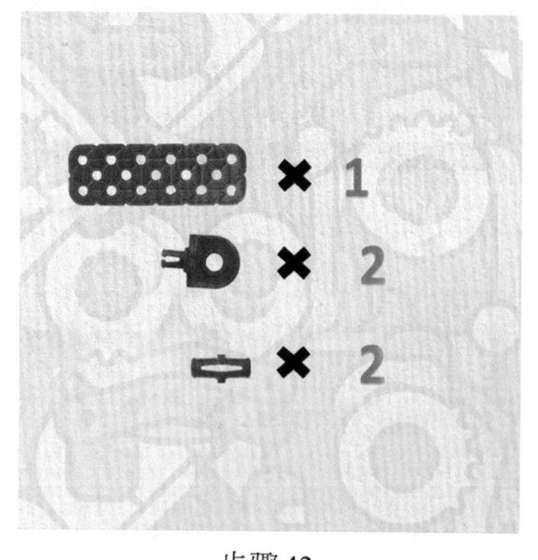

步骤43

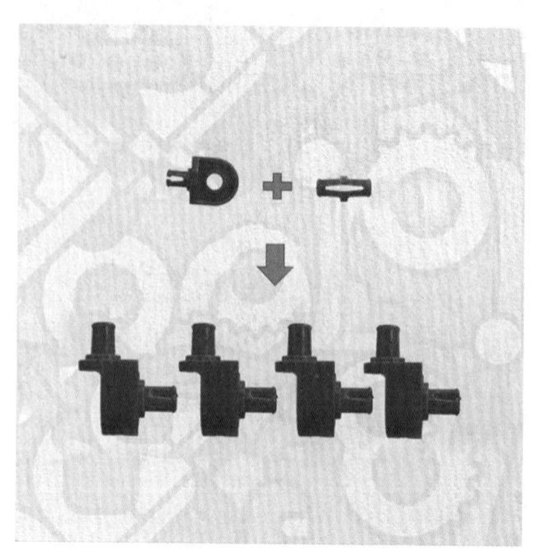
步骤44

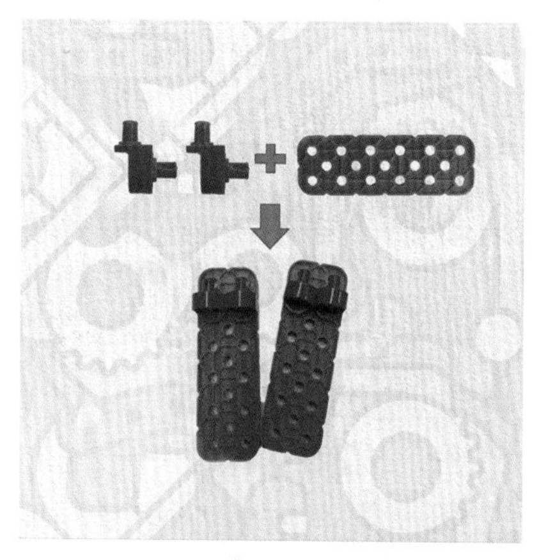
步骤45

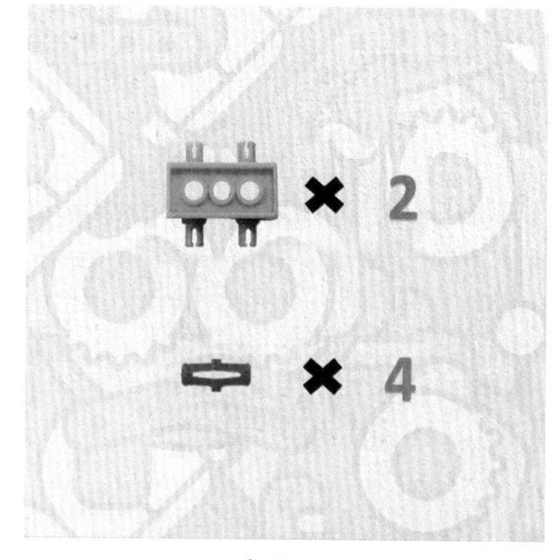

步骤46

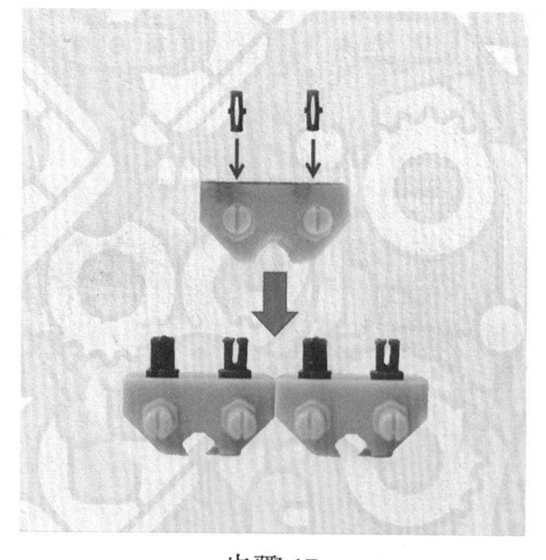
步骤47

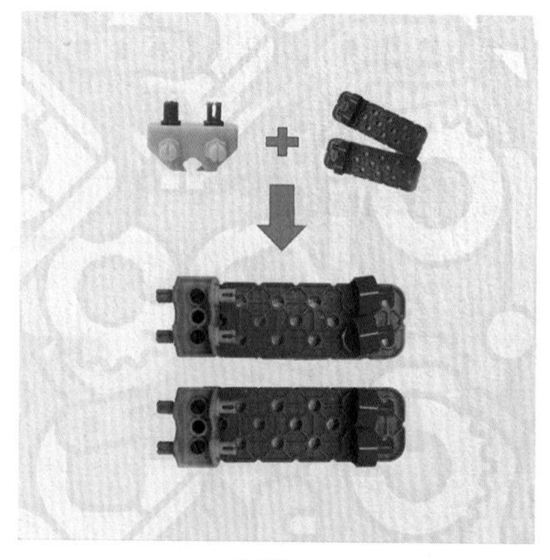
步骤48

步骤49

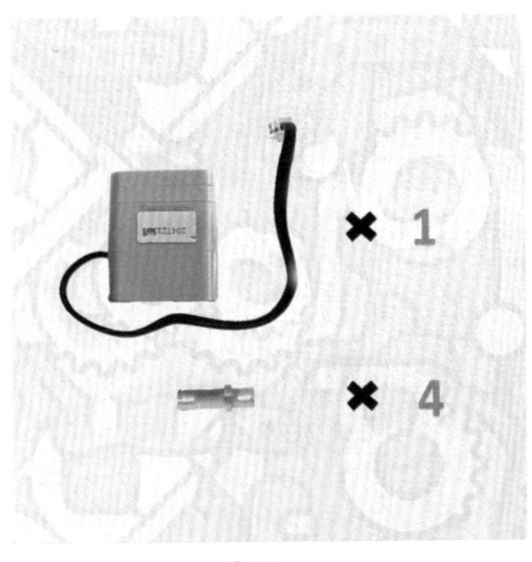

步骤50

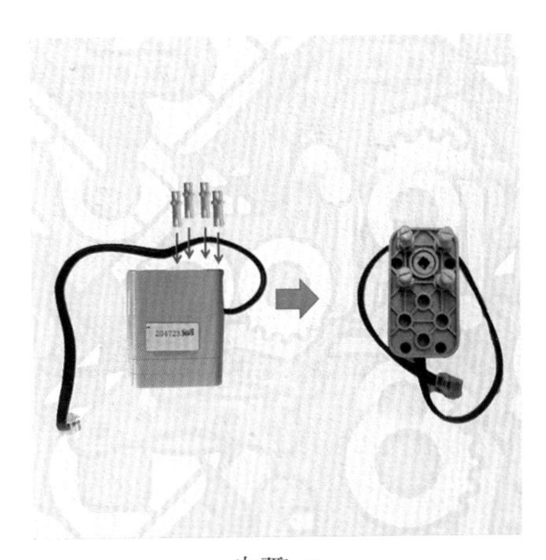

步骤51

步骤52

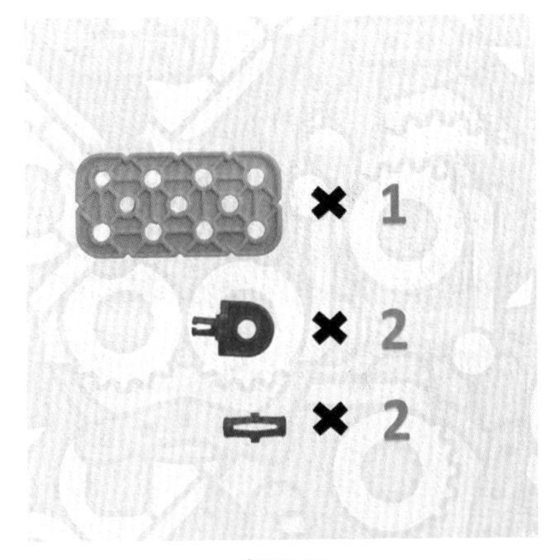

步骤53

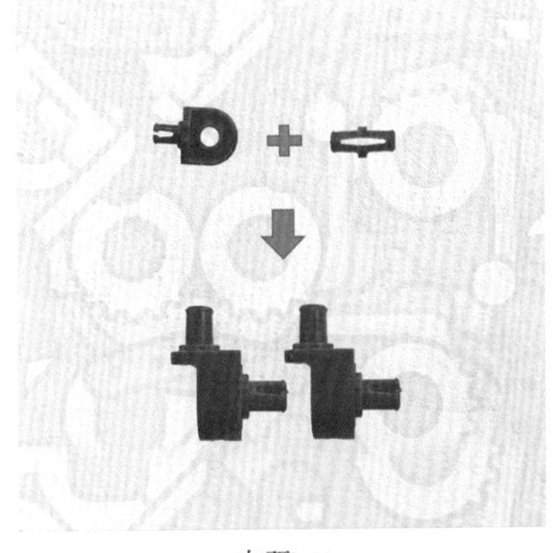

步骤54

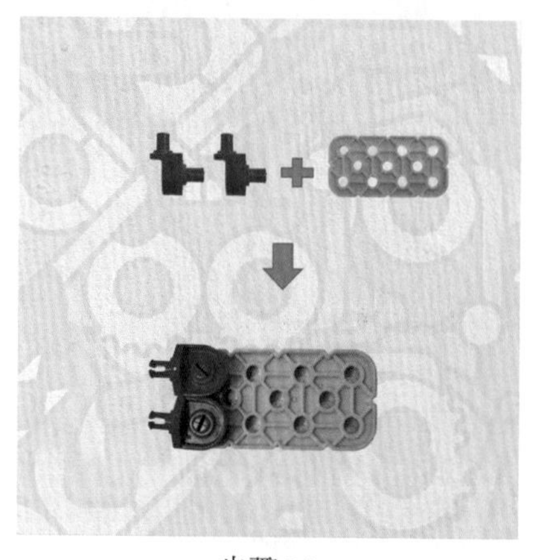

步骤55

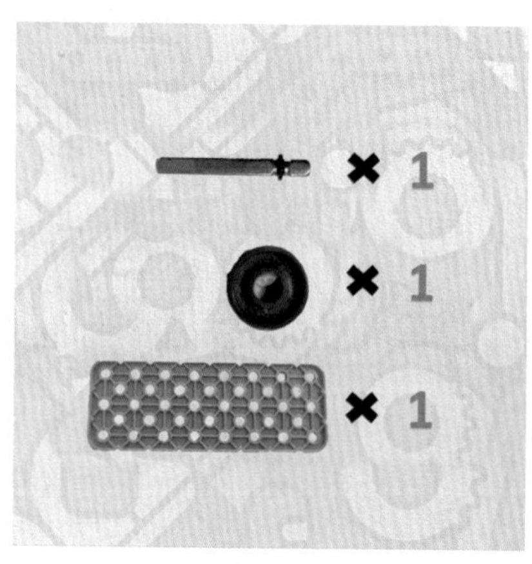

步骤56

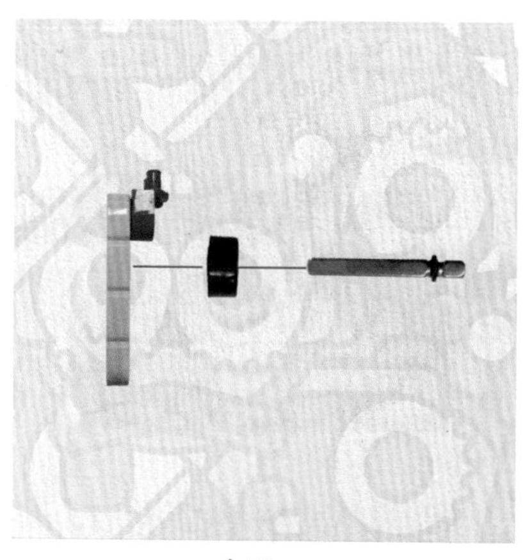

步骤57

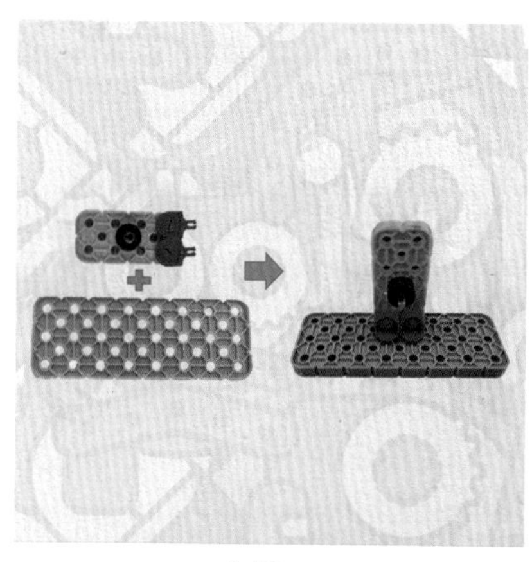

步骤58

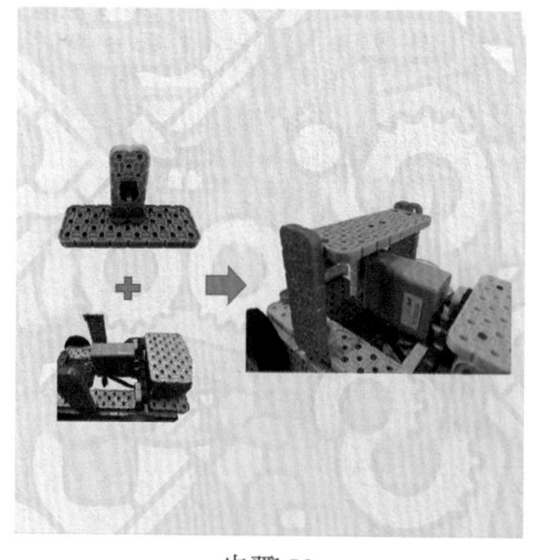

步骤59

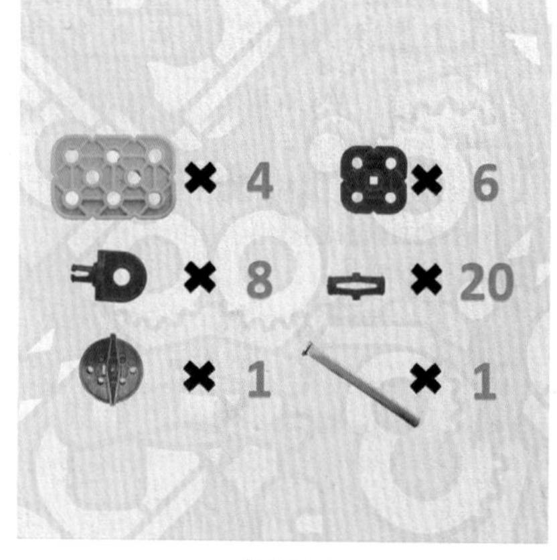

步骤60

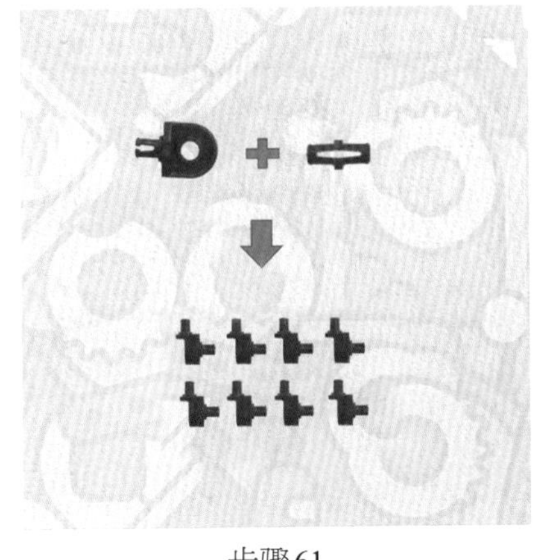

步骤61

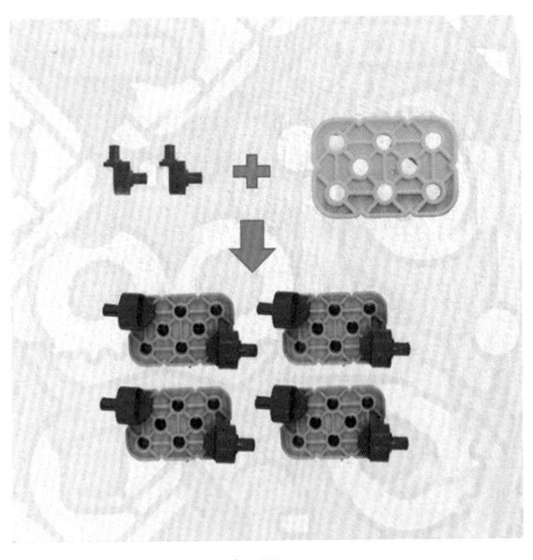

步骤62

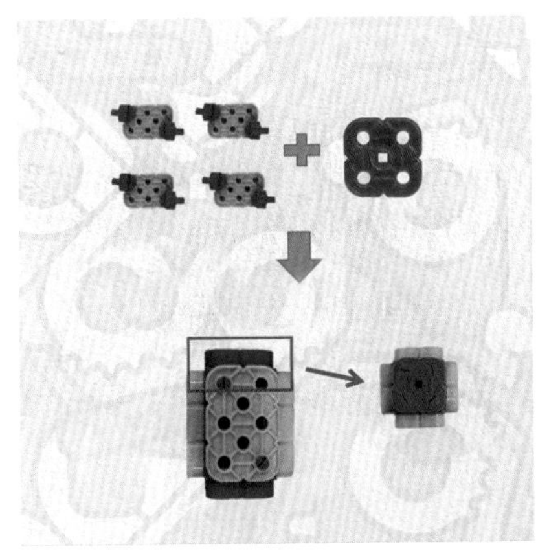

步骤63

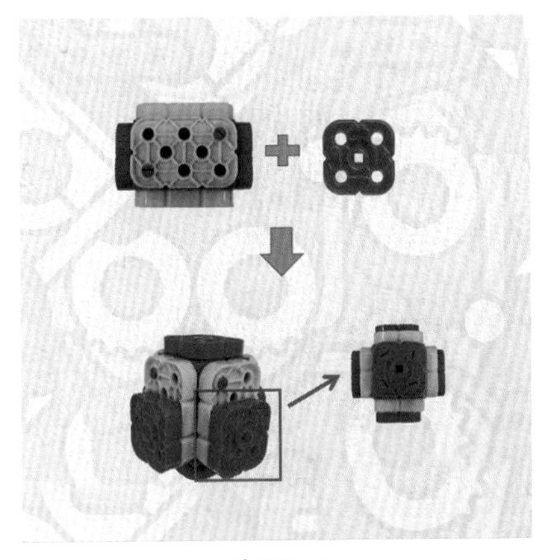

步骤64

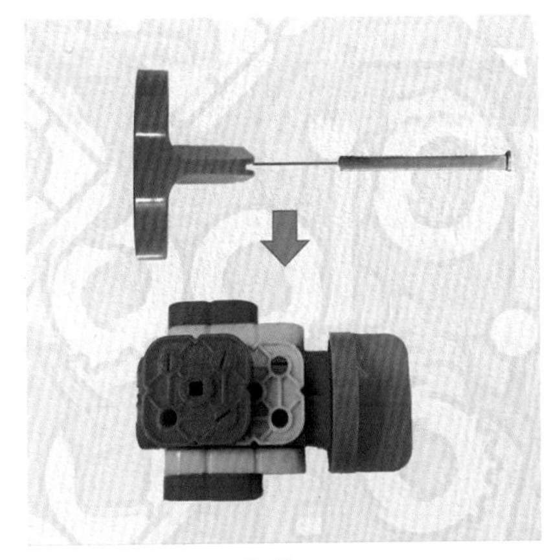

步骤65

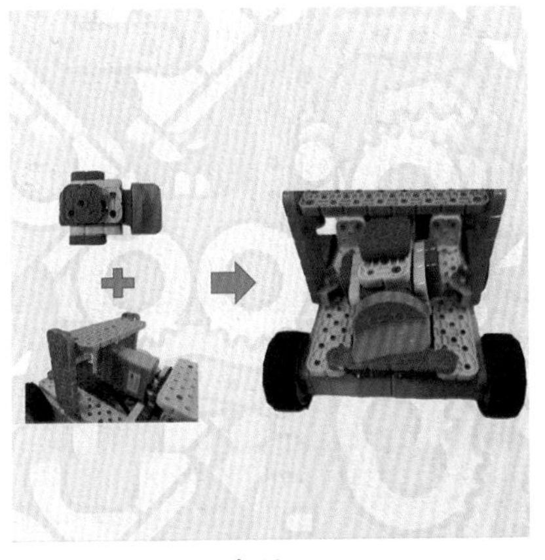

步骤66

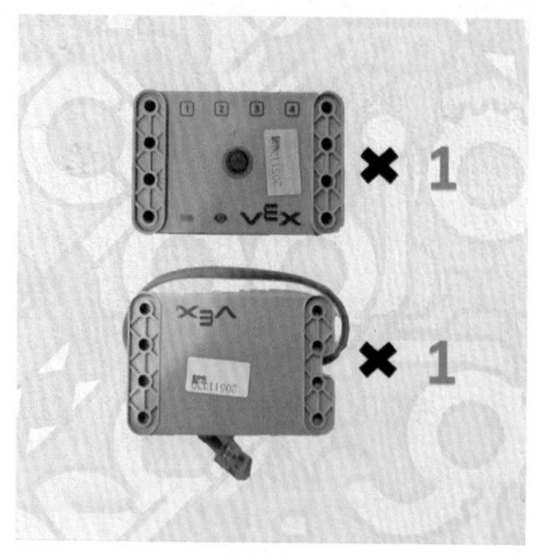

步骤67

步骤68

步骤69

步骤70

编程示范

小车硬件配置步骤及程序编写如下。

① 建立“搅拌车”程序。

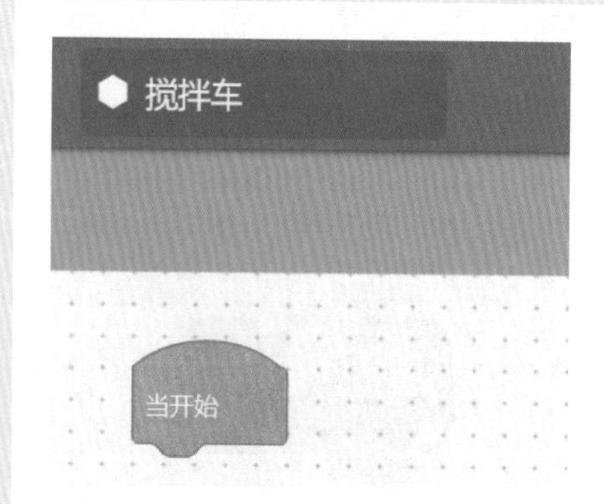

建立程序

② 选择“CUSTOM ROBOT”—“DRIVETRAIN”进行底盘设置，左电机对应端口1，右电机对应端口4。

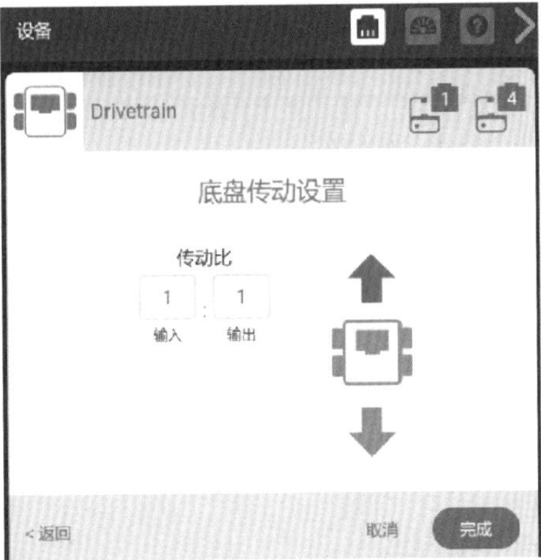

底盘设置

③ 添加搅拌电机到端口3。

电机设置

硬件配置完成

④ 完成后硬件配置如左图所示。

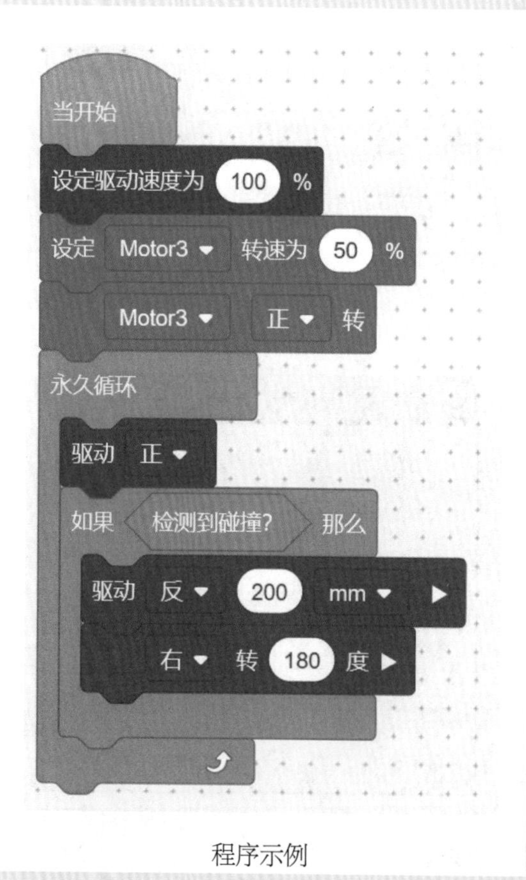

程序示例

⑤ 程序示例：程序开始，搅拌筒一直旋转，小车向前出发，遇到障碍后掉头继续行驶。

4.4 火箭

学习任务

观察火箭的结构和功能特点，着重了解结构稳定性，注重搭建细节。

教学建议

了解观察火箭的结构和功能特点，着重了解什么是对称，注重搭建细节。

学习目标

1. 仔细观察火箭与各种航天器的外形特点。
2. 灵活应用多种零件搭建，熟悉对称结构。
3. 发挥想象力。

关键词：对称。

搭建步骤

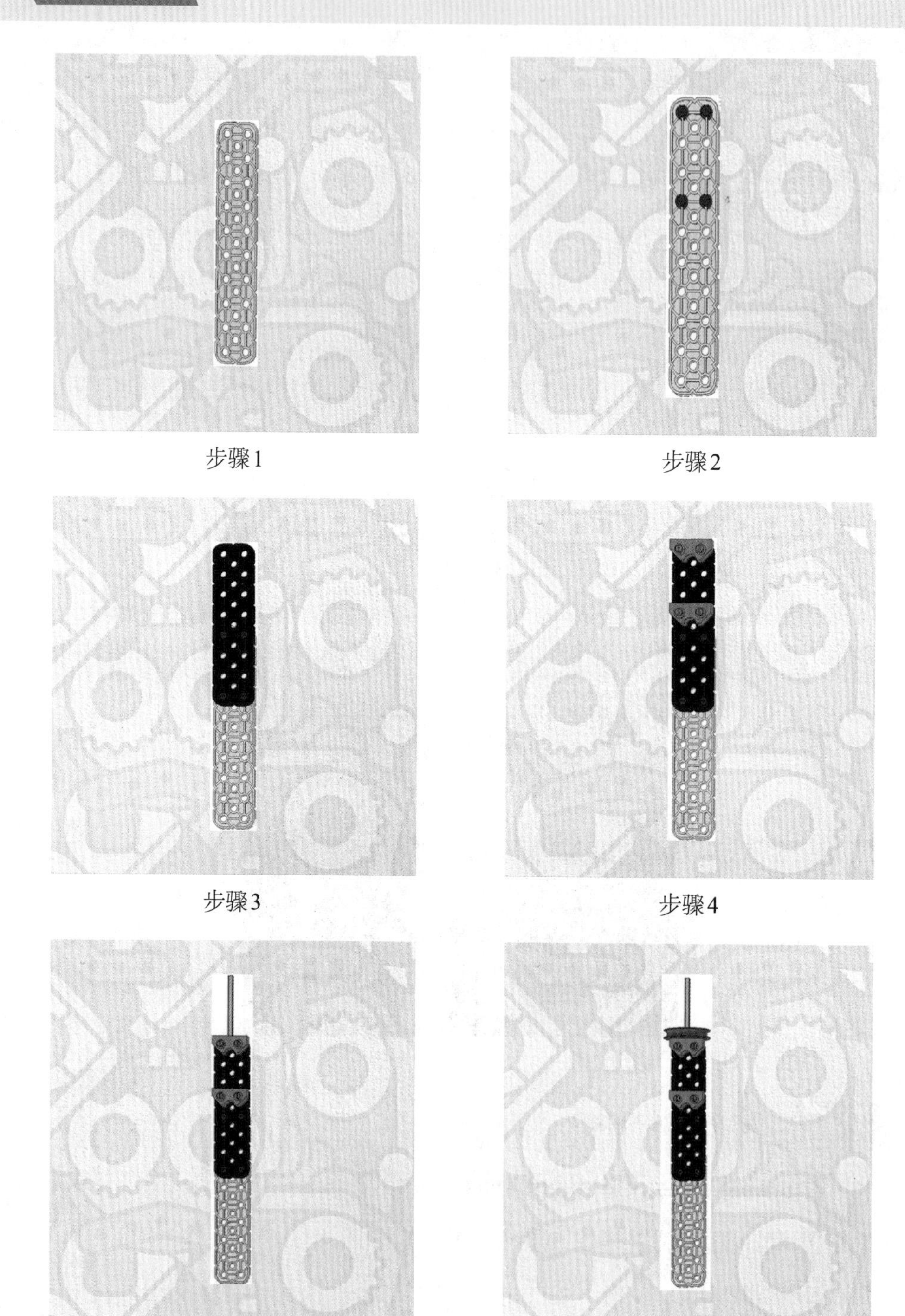

步骤1

步骤2

步骤3

步骤4

步骤5

步骤6

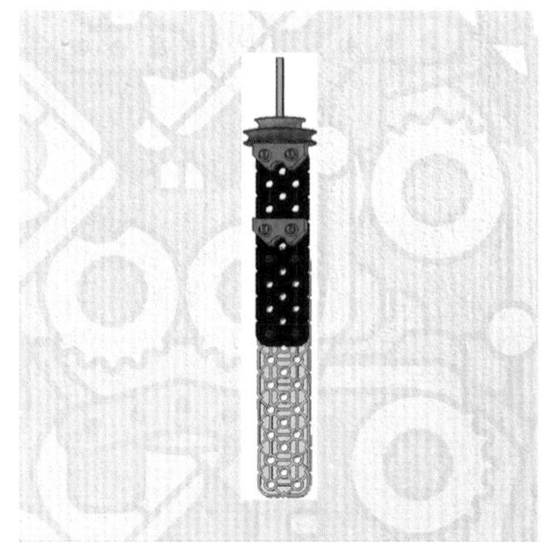

步骤7

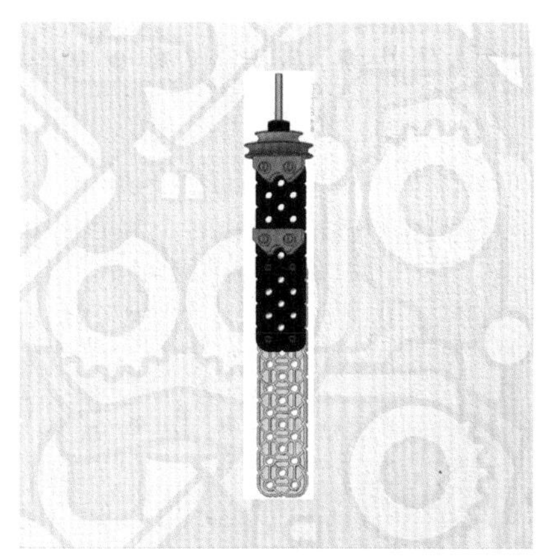

步骤8

步骤9

步骤10

步骤11

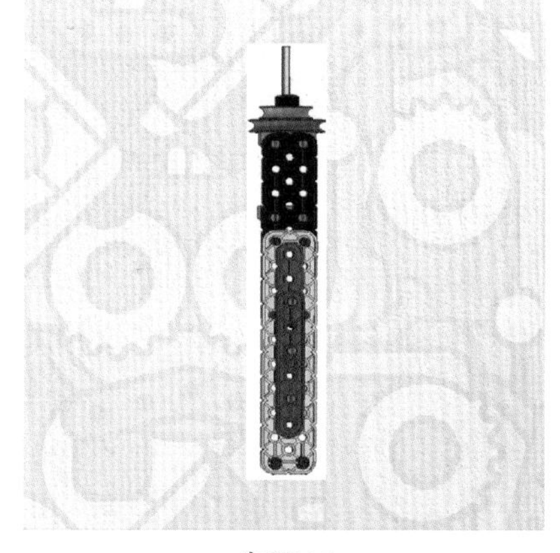

步骤12

步骤13

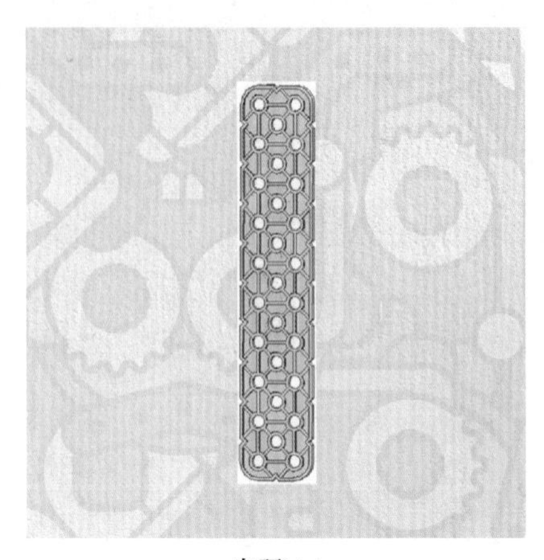

步骤14

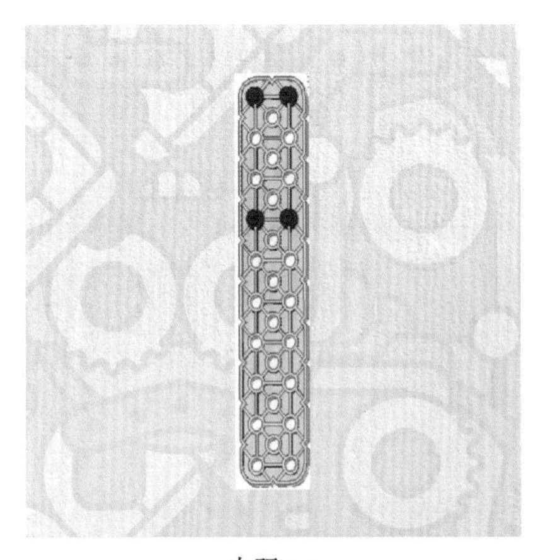

步骤15

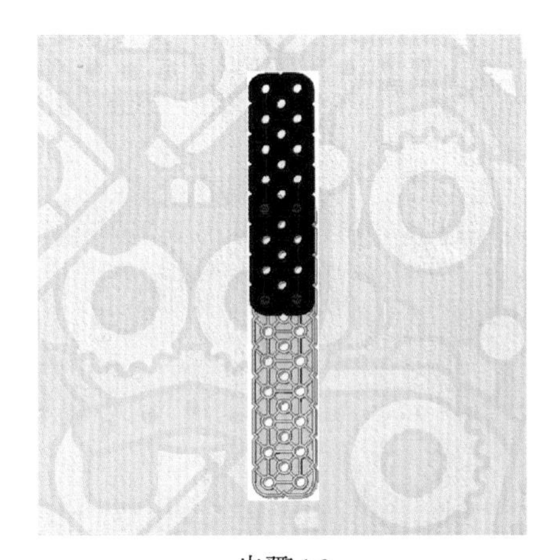

步骤16

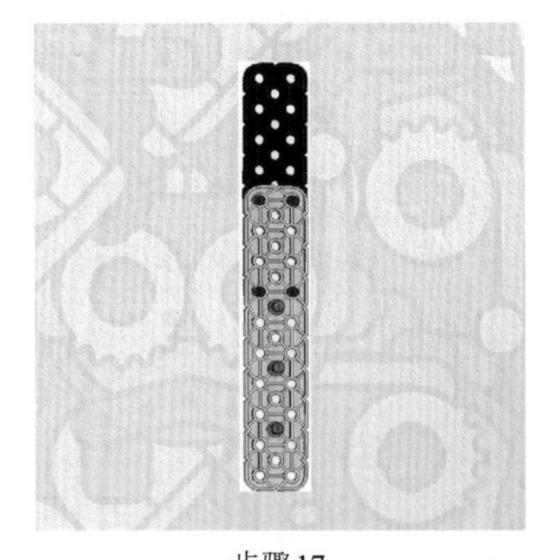

步骤17

步骤18

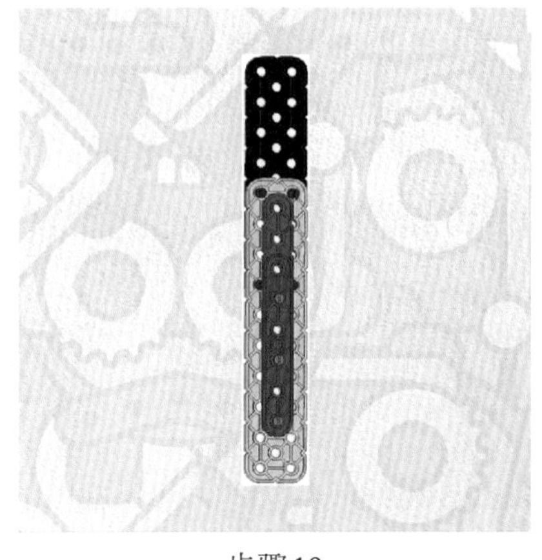

步骤19

步骤20

步骤21

步骤22

步骤23

步骤24

步骤25

步骤26

步骤27

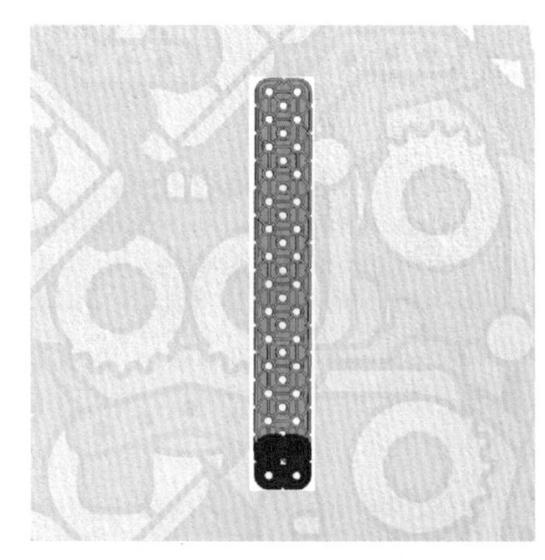

步骤28

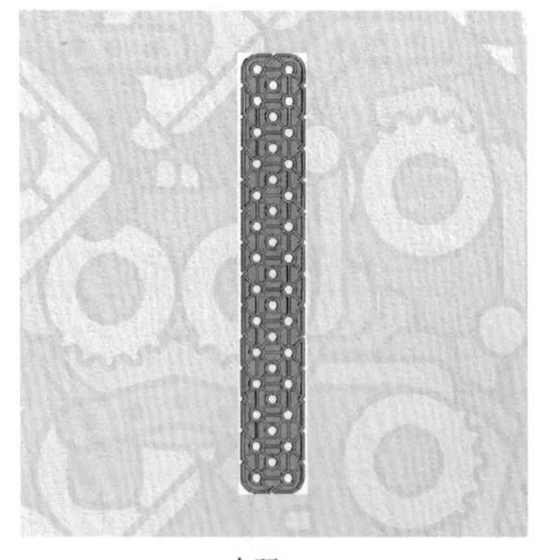

步骤29

步骤30

步骤31

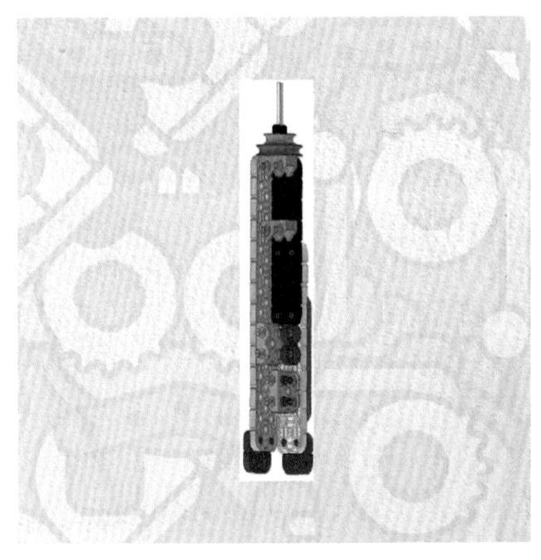

步骤32

步骤33

步骤34

4.5 活动吊桥

学习任务 

1. 认识三角形与平行四边形。
2. 搭建具有三角形稳定结构与平行四边形结构的活动吊桥。

教学建议

观看与吊桥有关的图片或者视频，观察各种吊桥之间的相同与不同。

学习目标

1. 学习三角形结构具有稳定性的特点。

2. 了解平行四边形结构的特点。

3. 发挥想象力，锻炼自主设计能力。

关键词：三角形，平行四边形。

搭建步骤

所需材料如下：

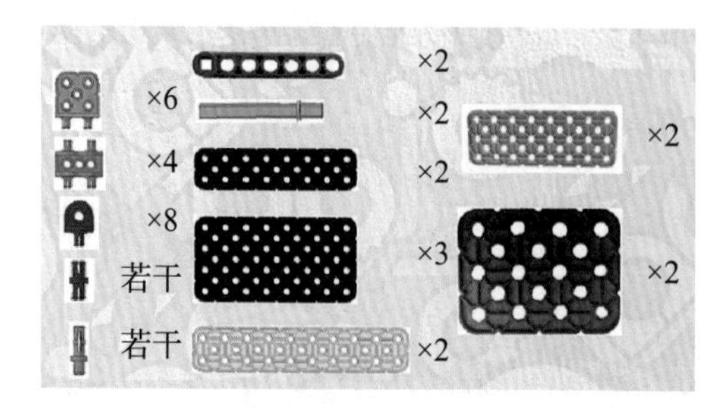

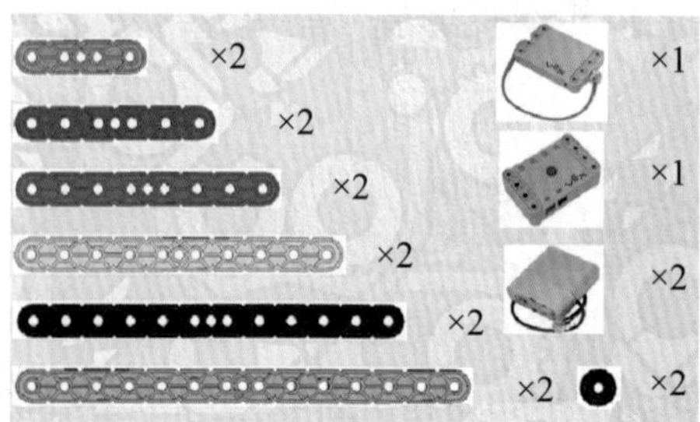

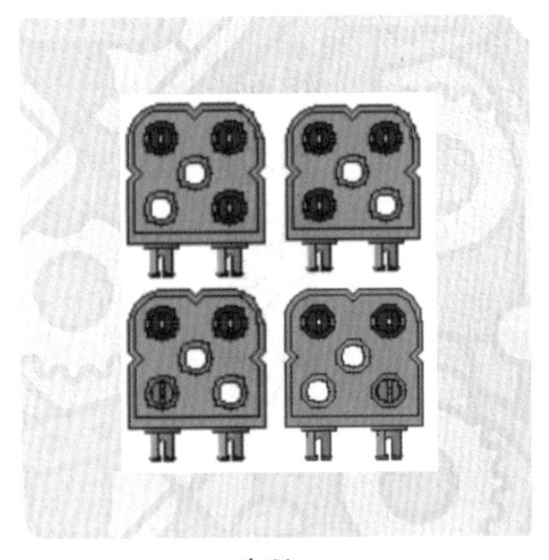

步骤1

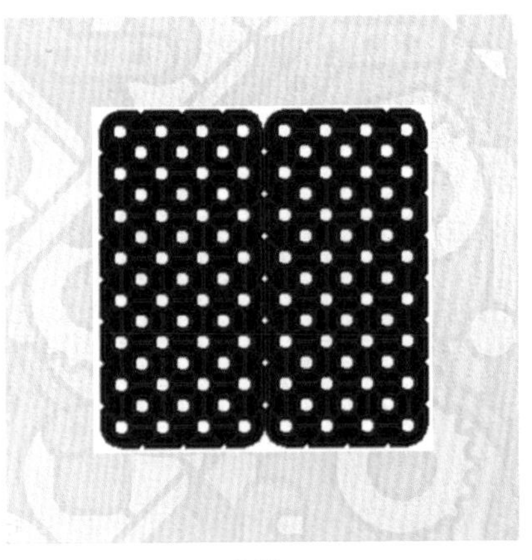

步骤2

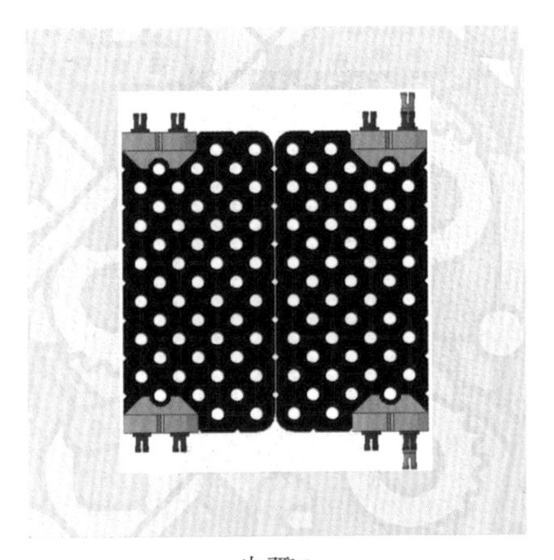

步骤3

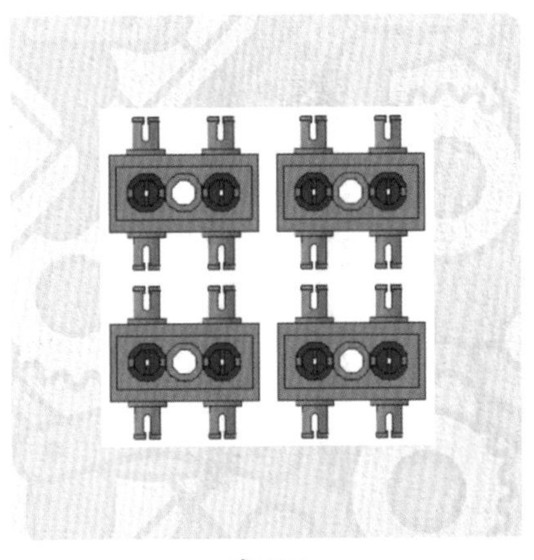

步骤4

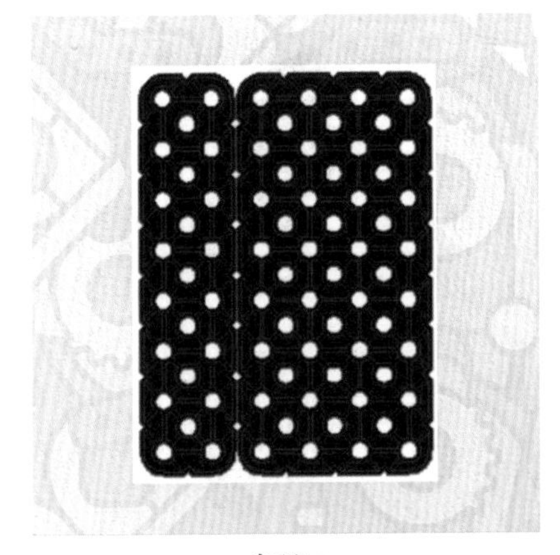

步骤5

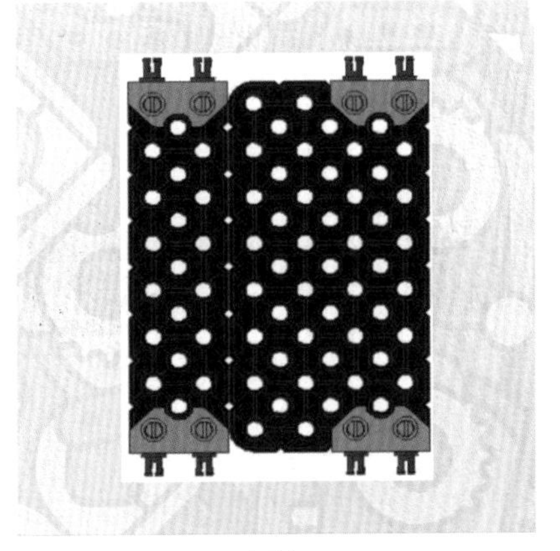

步骤6

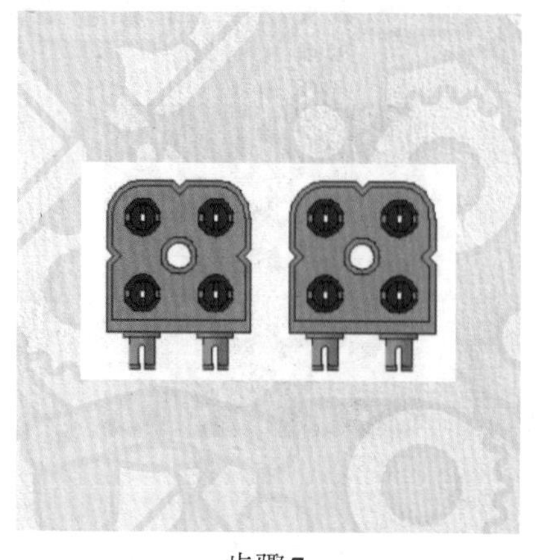

步骤7

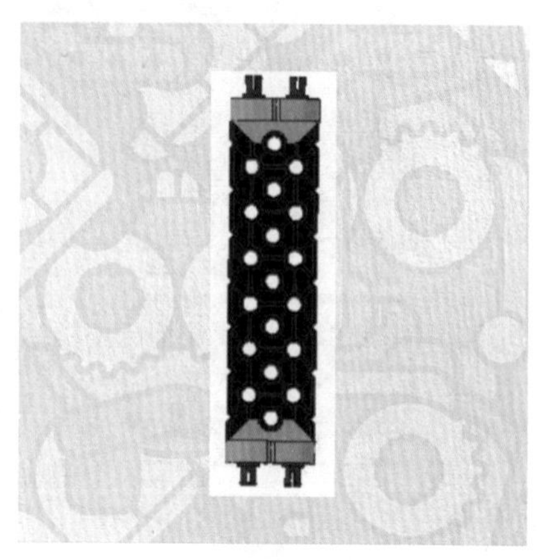

步骤8

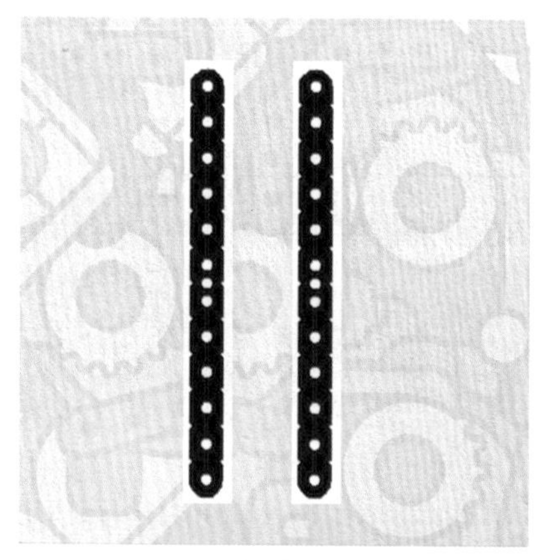

步骤9

步骤10

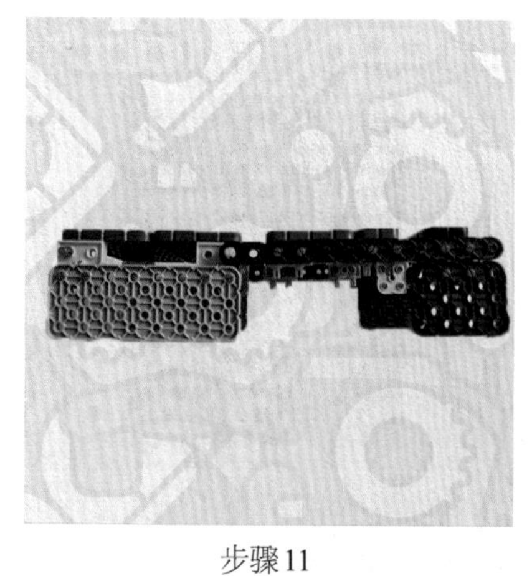

步骤11

步骤12

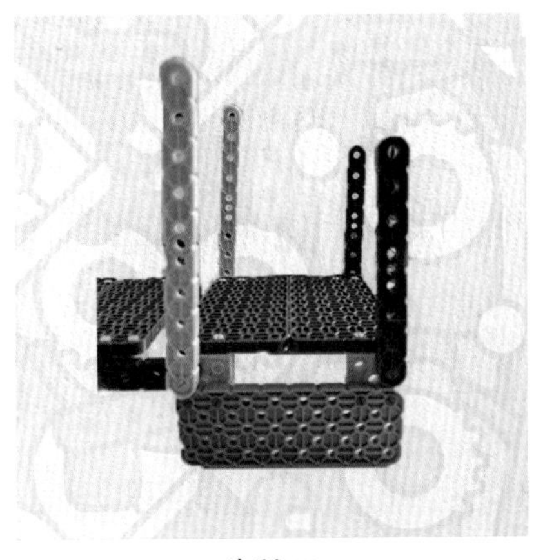

步骤13

步骤14

步骤15

步骤16

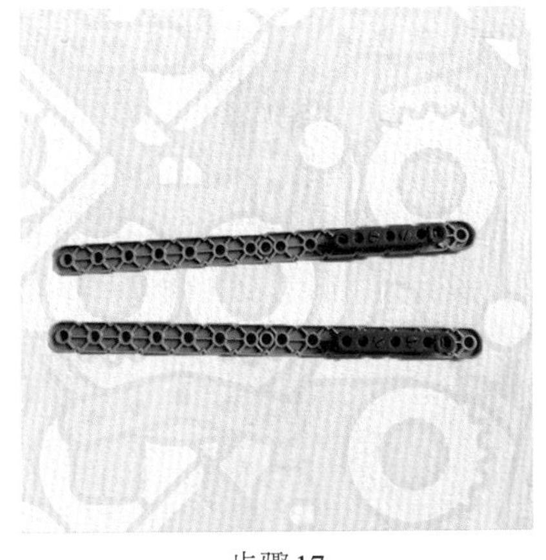

步骤17

步骤18

步骤19

步骤20

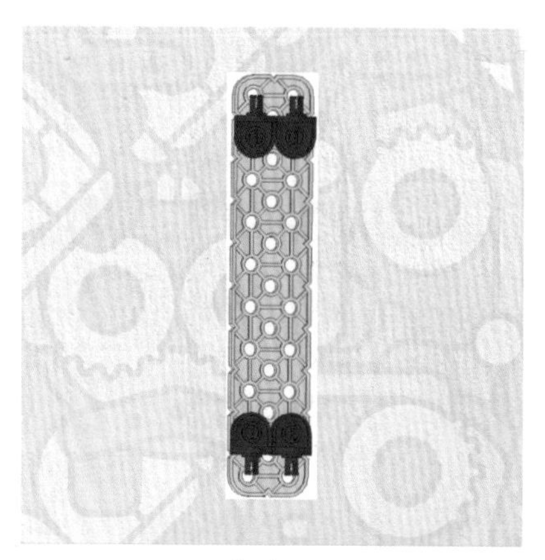

步骤21

步骤22

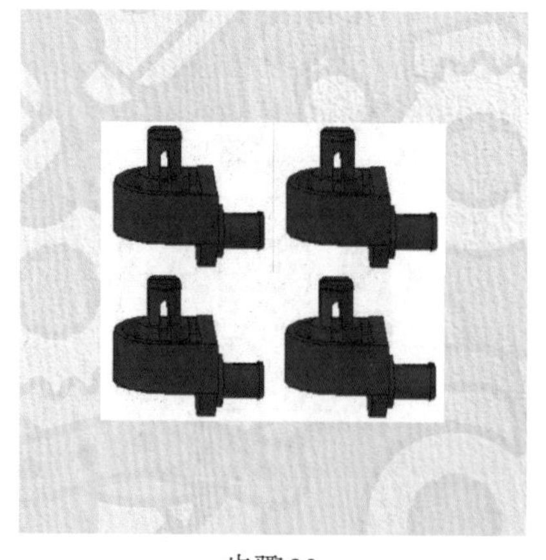

步骤23

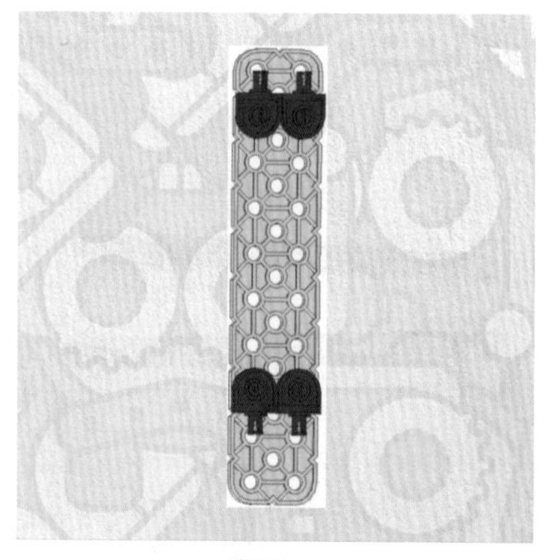

步骤24

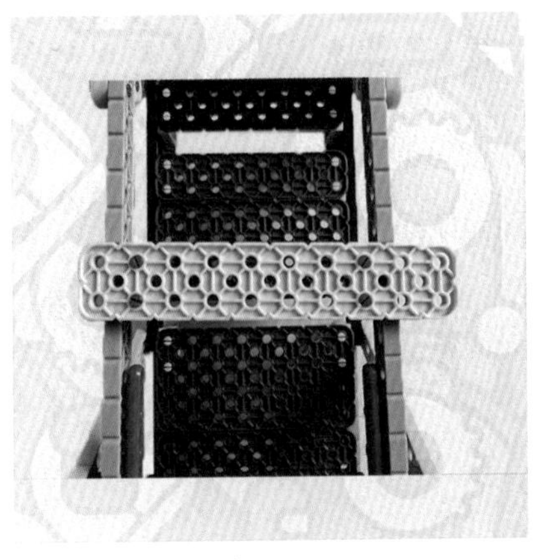

步骤25

步骤26

步骤27

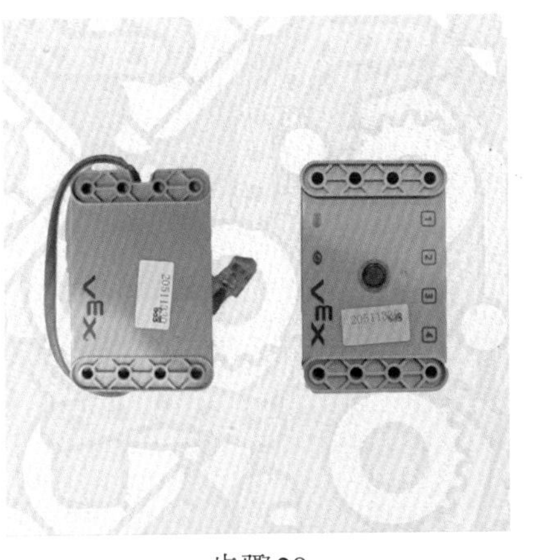

步骤28

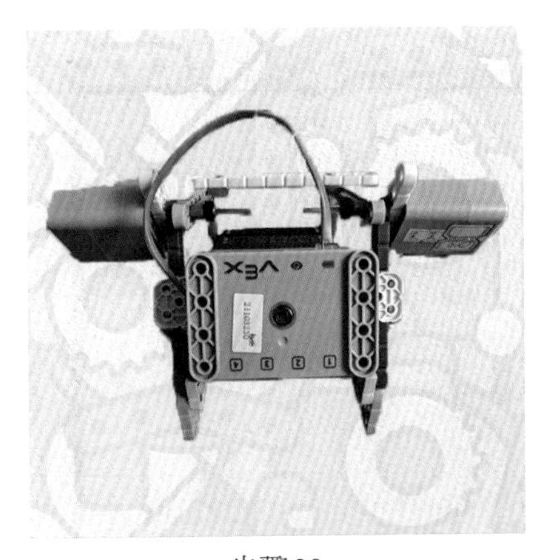

步骤29

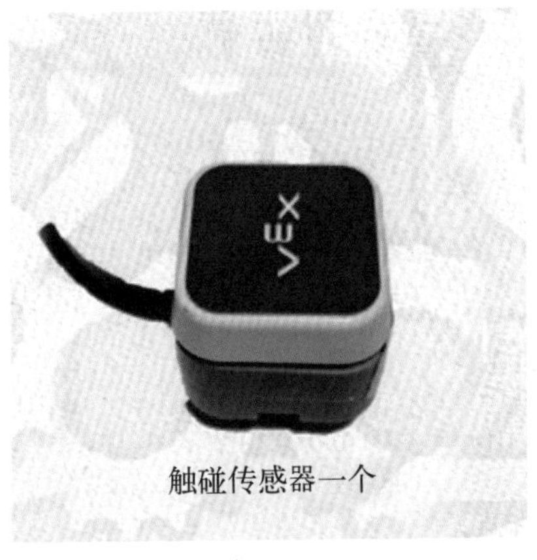

步骤30

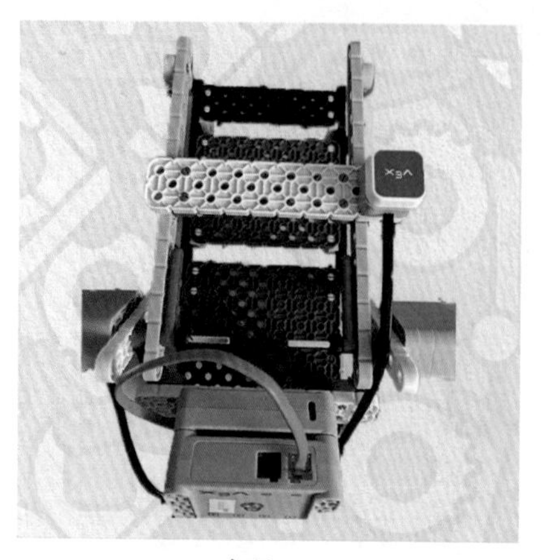

步骤31

步骤32

编程示范

活动吊桥硬件配置步骤及程序编写如下。

① 建立“吊桥”程序。

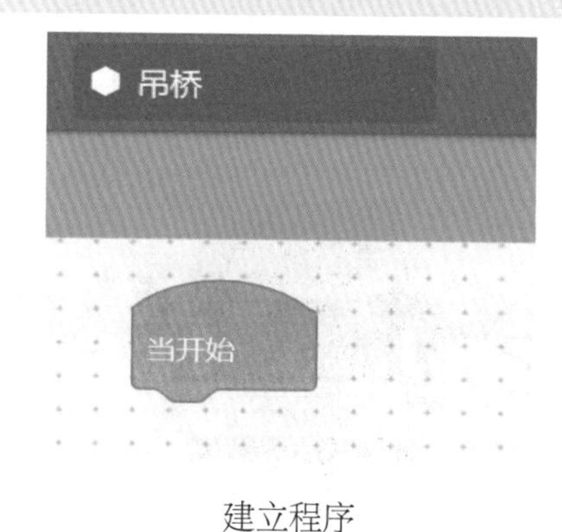

建立程序

② 选择“CUSTOM ROBOT”—“DRIVETRAIN”进行设备配置。左边电机对应端口1，正向；右边电机对应端口4，反向。

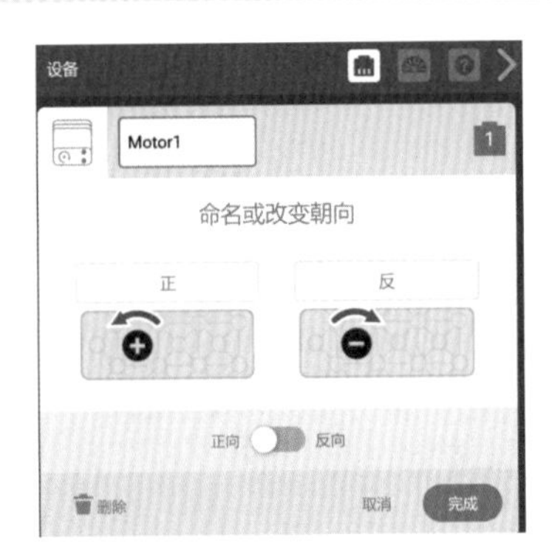

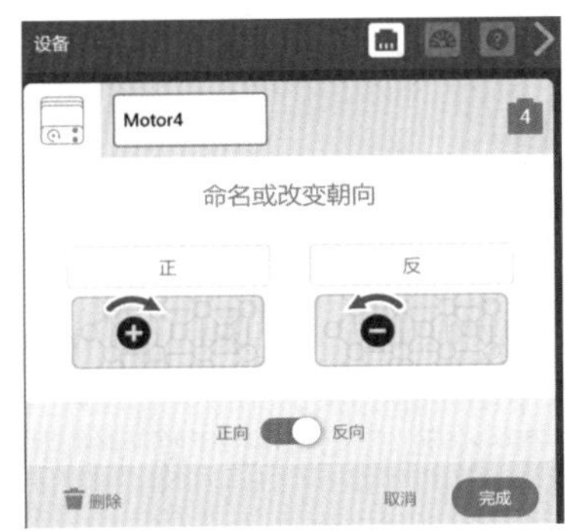

设备配置

③ 添加LED触碰开关到端口2。

LED设置

④ 完成后硬件配置如下图所示。

硬件配置完成

⑤ 程序示例：程序开始，当按下按钮时，吊桥升起，LED灯显示绿色；松开按钮，则吊桥落下，LED灯显示红色。

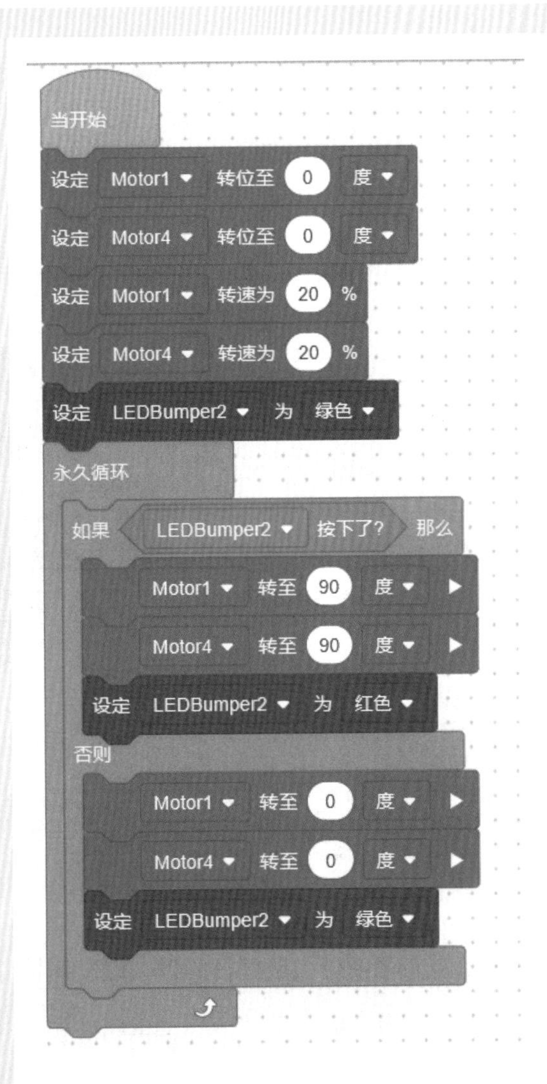

程序示例

4.6 敲鼓机

学习任务

1. 搭建一个可以运用杠杆原理的敲鼓机。
2. 学习什么是往复摆动运作。
3. 通过学习可以区分哪些是省力杠杆，哪些是费力杠杆。

教学建议

观看各种敲鼓玩具的图片或视频，拿出实物敲鼓玩具进行分析。

学习目标

1. 了解往复摆动运作原理。
2. 了解什么是杠杆原理，以及其特点。
3. 发挥想象力，锻炼自主设计能力。

关键词：杠杆原理，往复运动。

搭建步骤

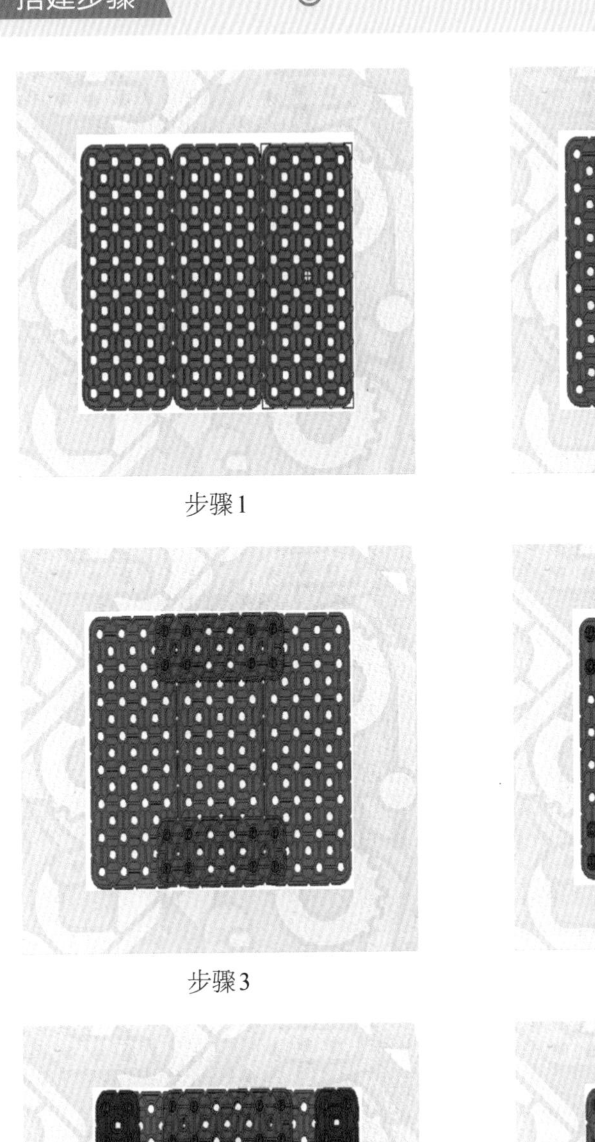

步骤1

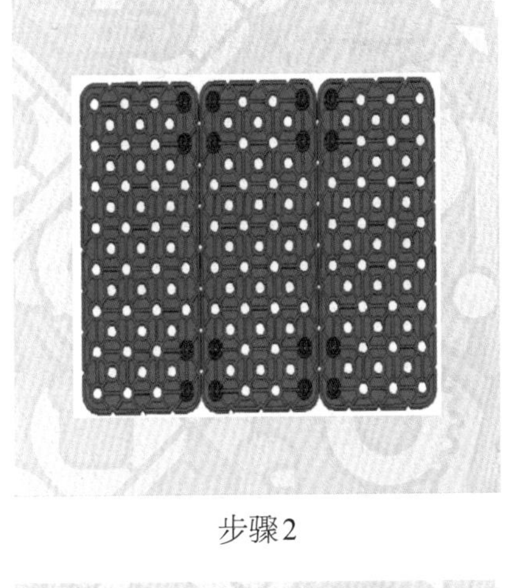

步骤2

步骤3

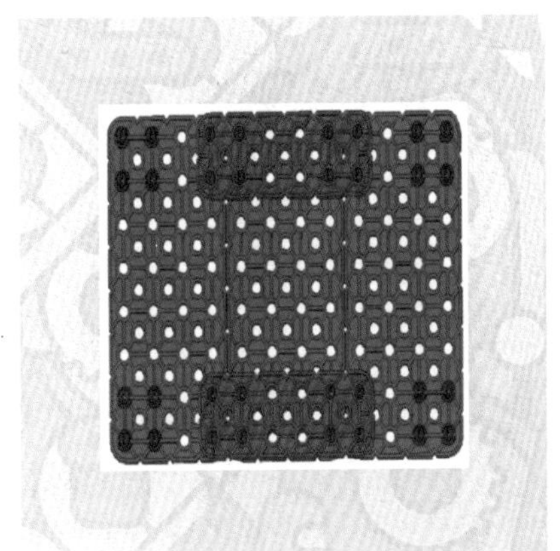

步骤4

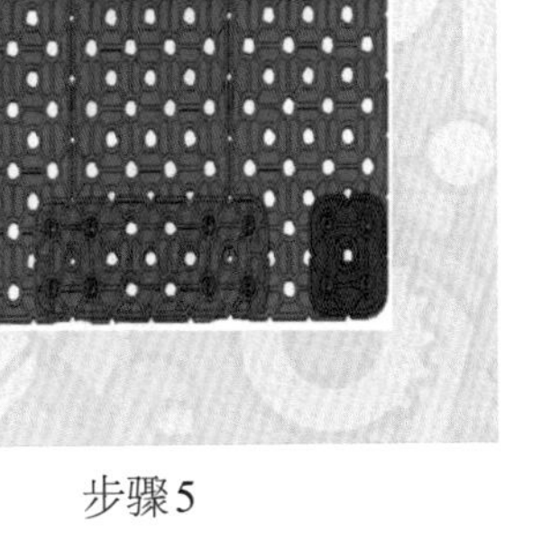

步骤5

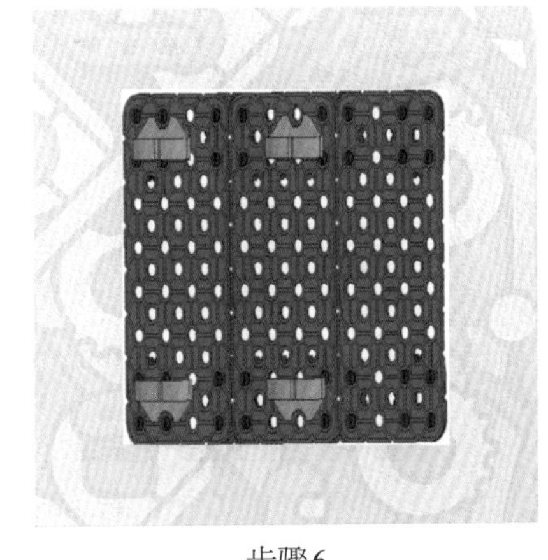

步骤6

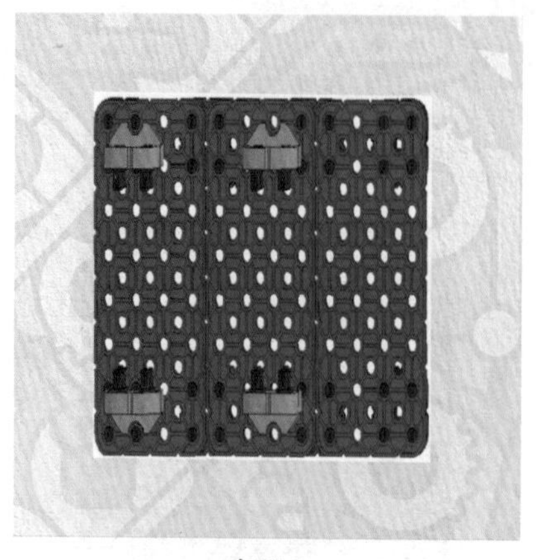
步骤7

步骤8

步骤9

步骤10

步骤11

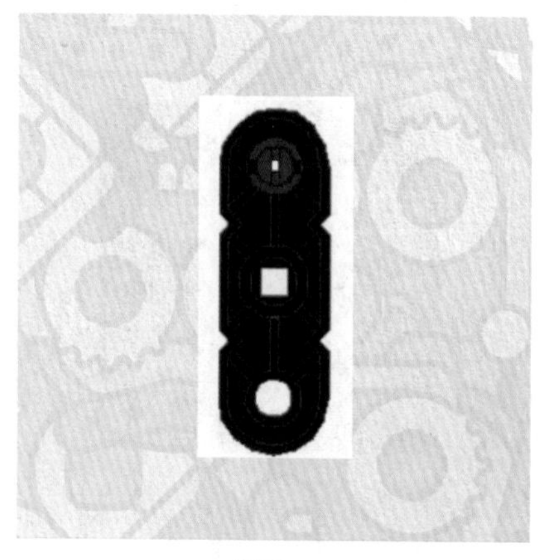
步骤12

步骤13

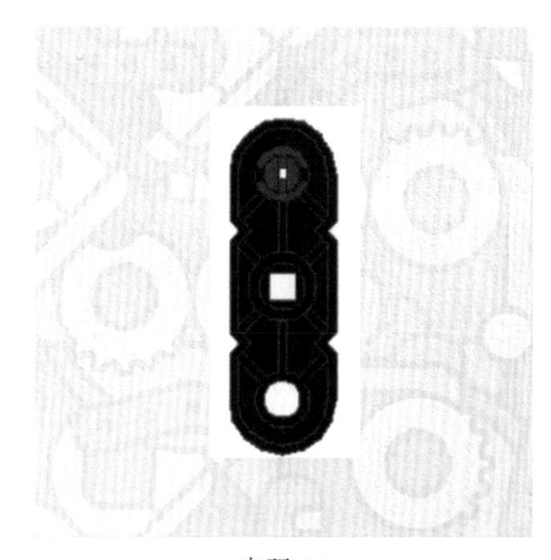

步骤14

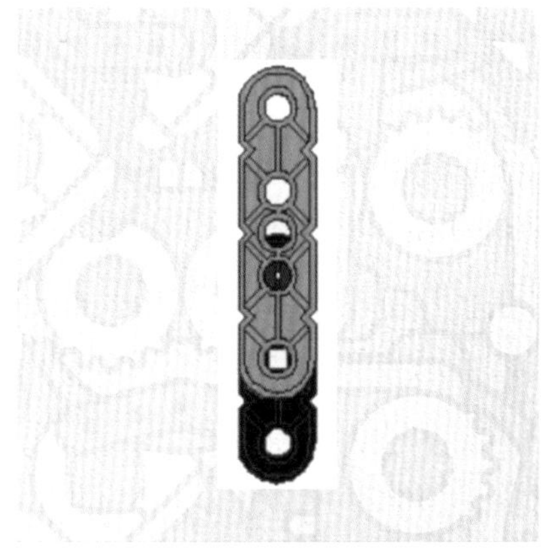

步骤15

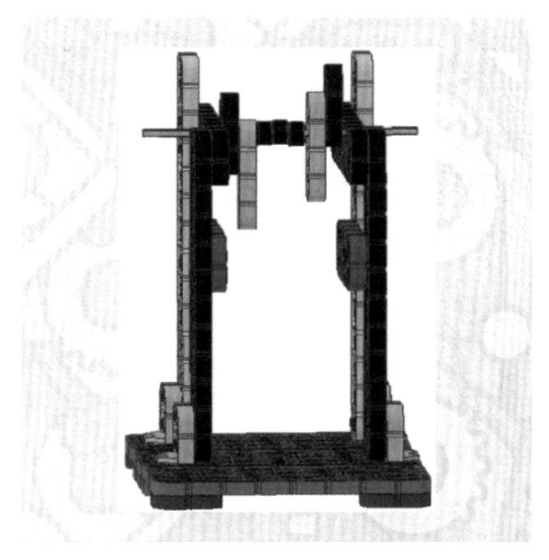

步骤16

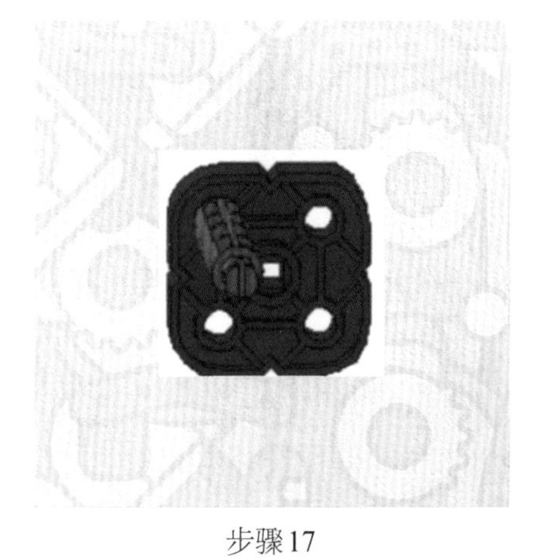

步骤17

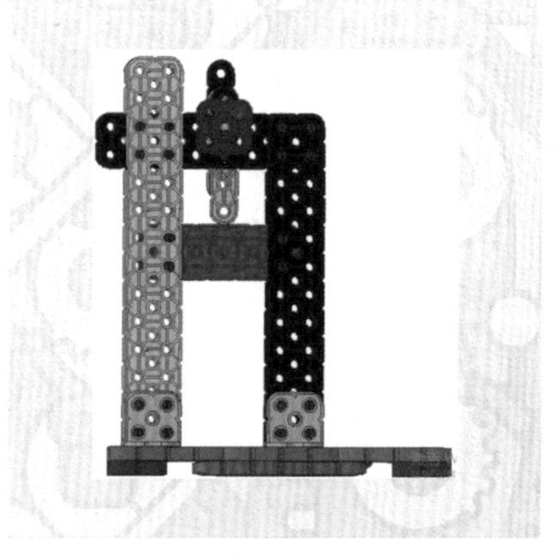

步骤18

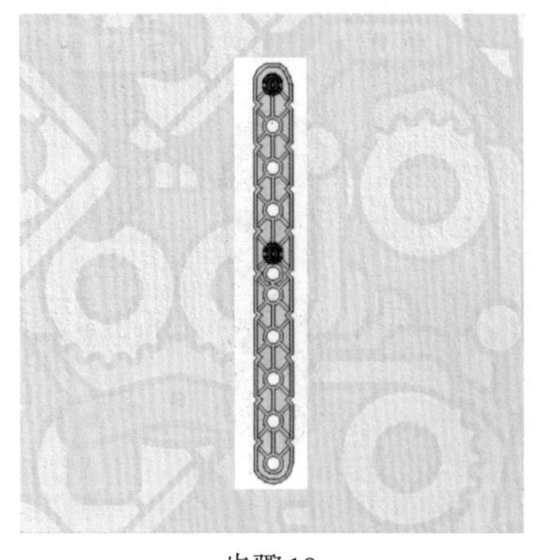

步骤19

步骤20

步骤21

步骤22

步骤23

步骤24

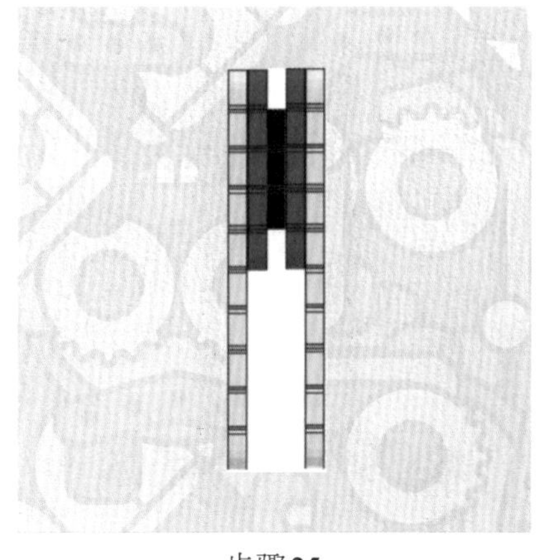

步骤25

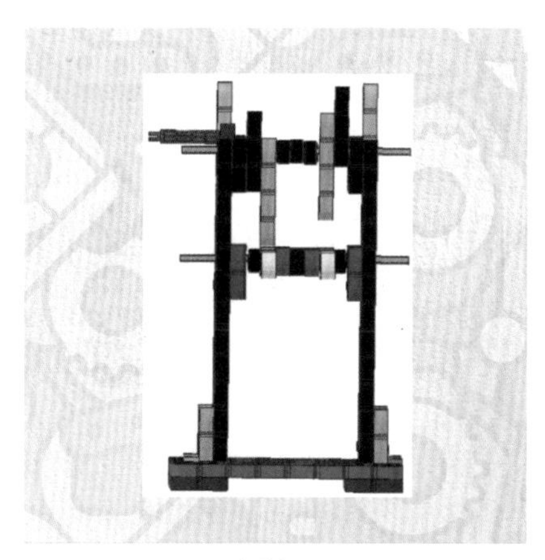

步骤26

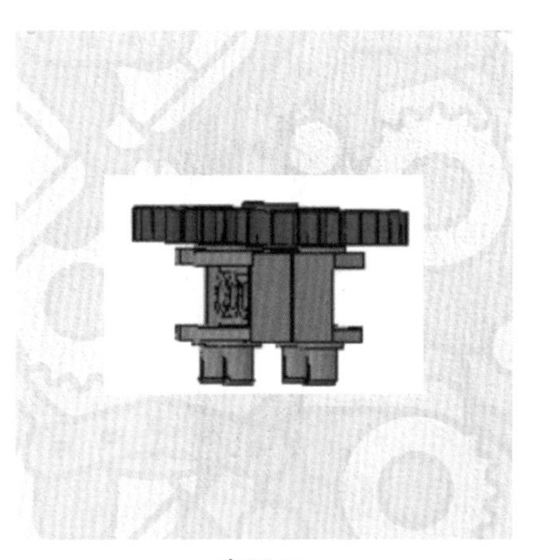

步骤27

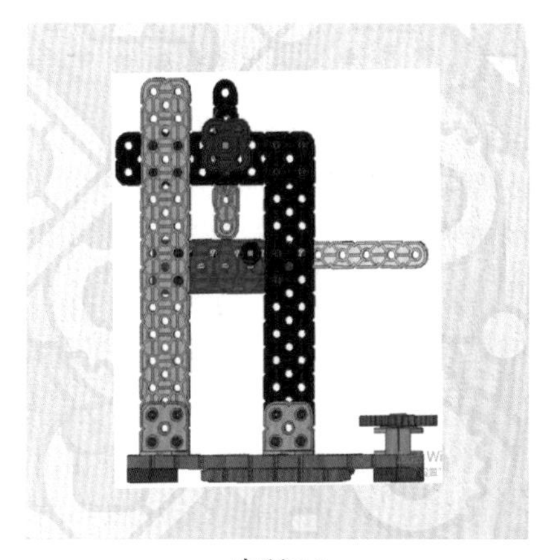

步骤28

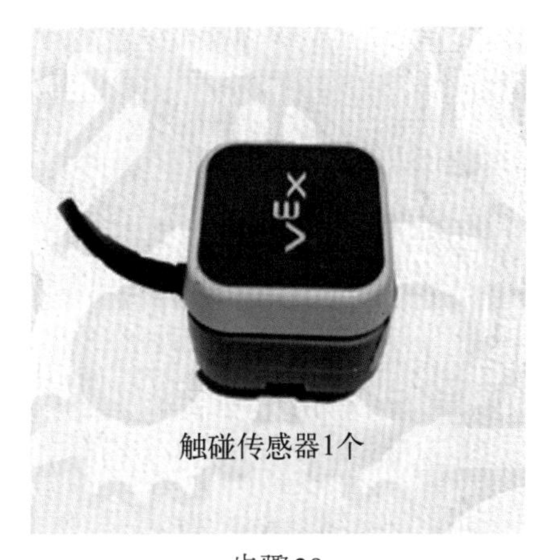

触碰传感器1个

步骤29

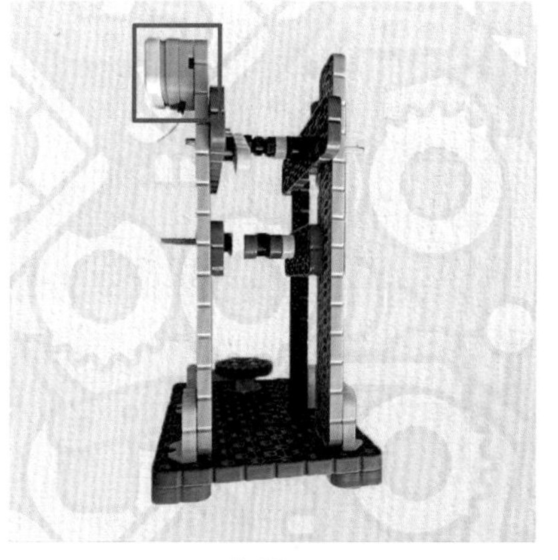

步骤30

步骤31

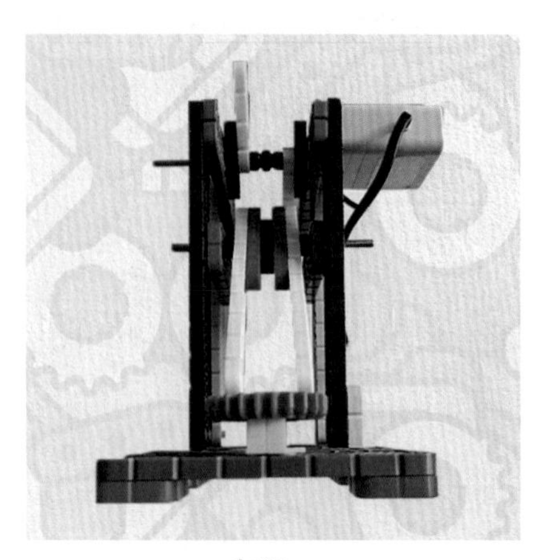

步骤32

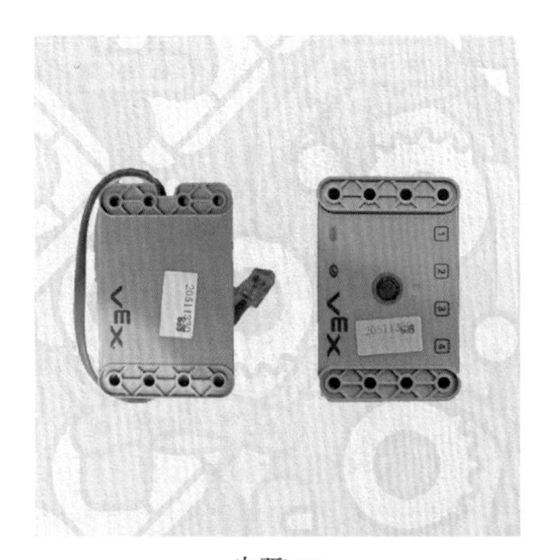

步骤33

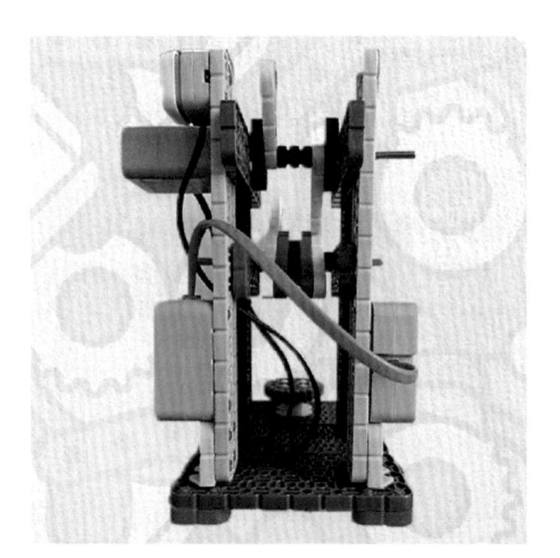

步骤34

编程示范

敲鼓机硬件配置步骤及程序编写如下。

① 建立“敲鼓机”程序。

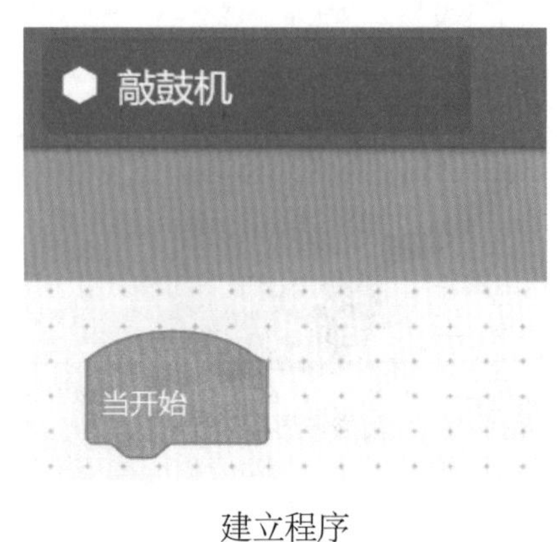

建立程序

② 选择“CUSTOM ROBOT”—“DRIVETRAIN”进行设备配置。

选择设备

③ 敲鼓电机对应端口1，正向。

④ 添加LED触碰开关到端口2。

电机设置

硬件配置完成

⑤ 完成后硬件配置如左图所示。

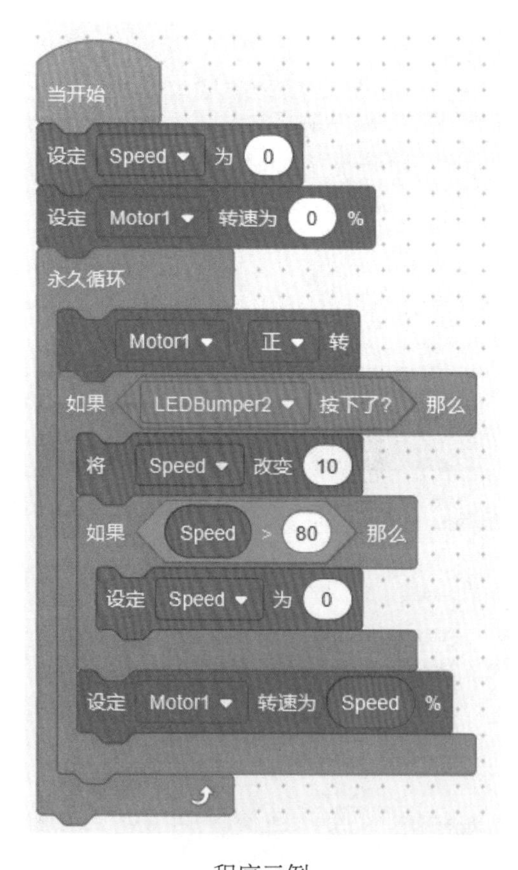

程序示例

⑥ 程序示例：程序开始，当按下按钮时，敲鼓机开始动作，反复按触碰开关，可以改变敲鼓机速度。

4.7 升降梯

学习任务

1. 学习搭建简易滑道结构。

2. 搭建要求塔吊分为轿厢、标准节（支架）和驱动结构三部分。

3. 掌握简单程序的编写。

教学建议

观察升降梯的结构和功能特点，着重了解升降梯轿厢通过滑道来进行固定升降，注意观察搭建细节，掌握简单程序的应用。

学习目标

1. 学习搭建滑道结构。

2.通过滑道结构来完成升降梯模型。

3. 锻炼思考能力。

4. 掌握简单程序的应用。

关键词：滑道结构。

搭建步骤

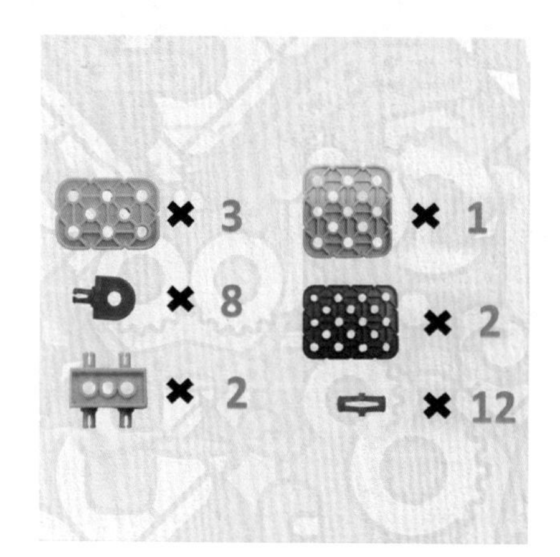

步骤1

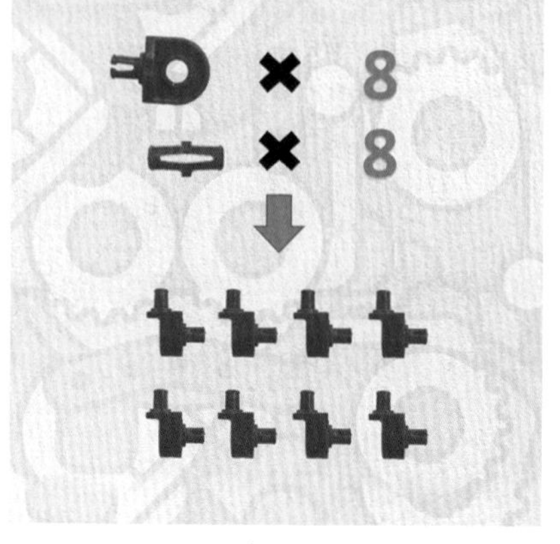

步骤2

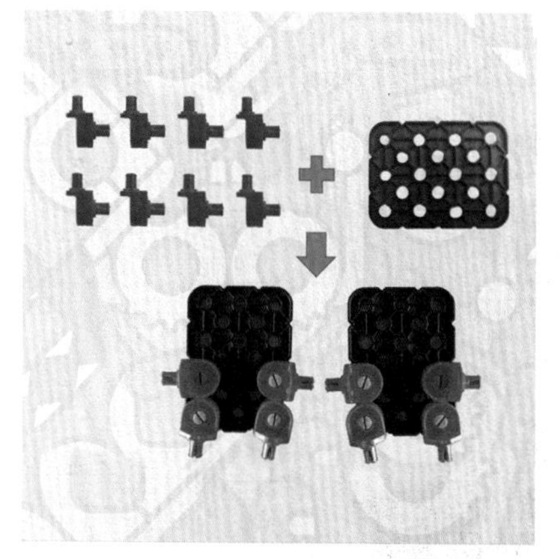
步骤3

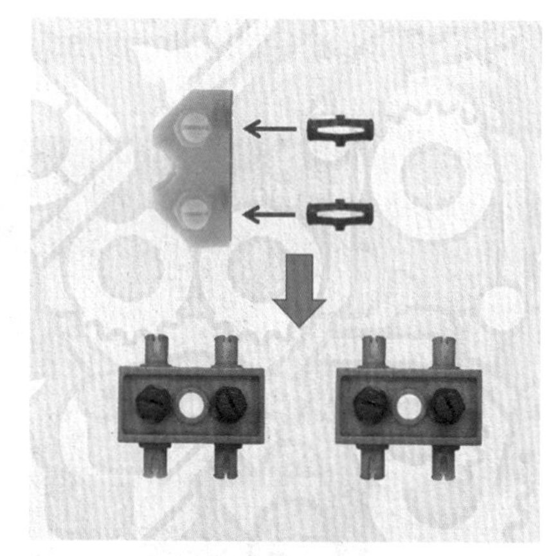
步骤4

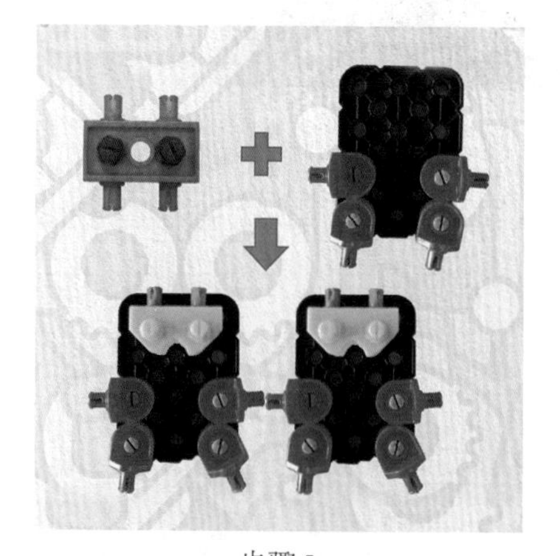
步骤5

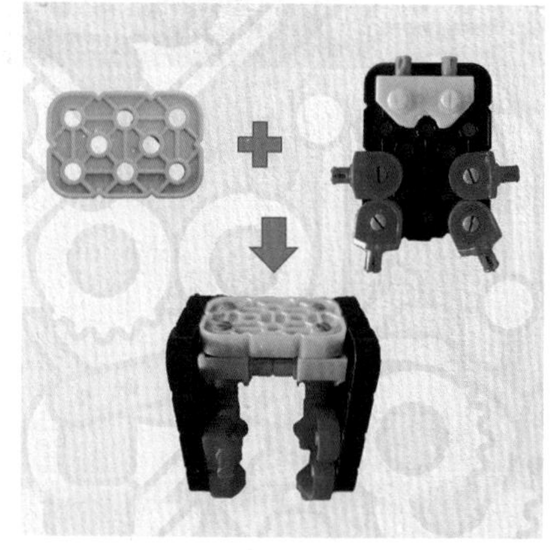
步骤6

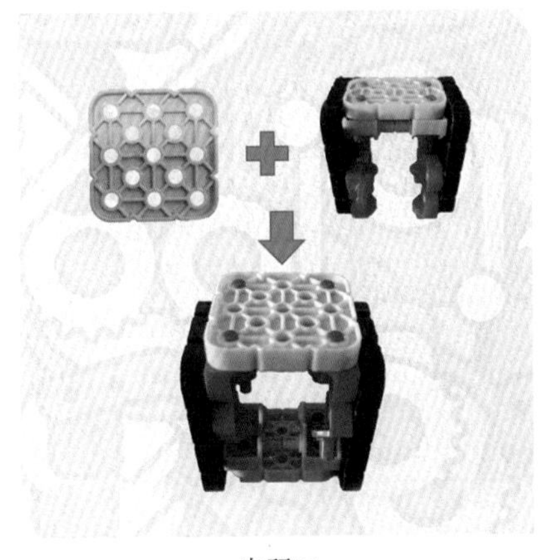

步骤7

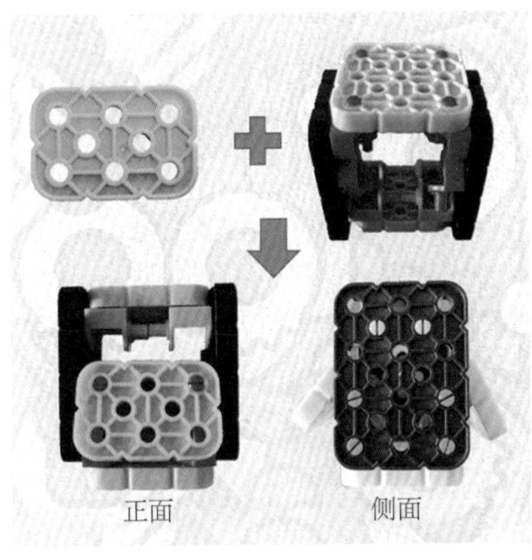

步骤8

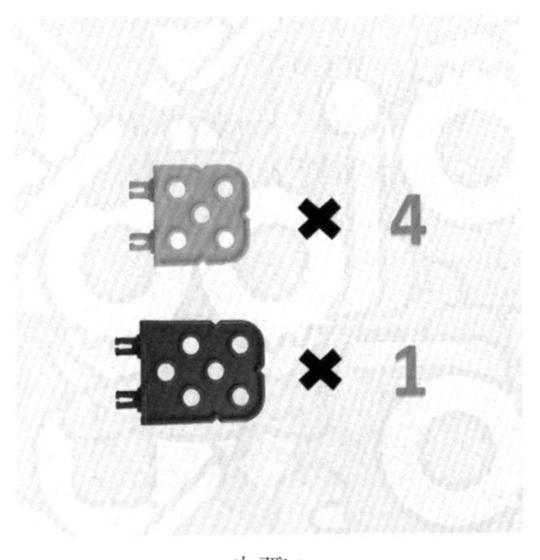

步骤9

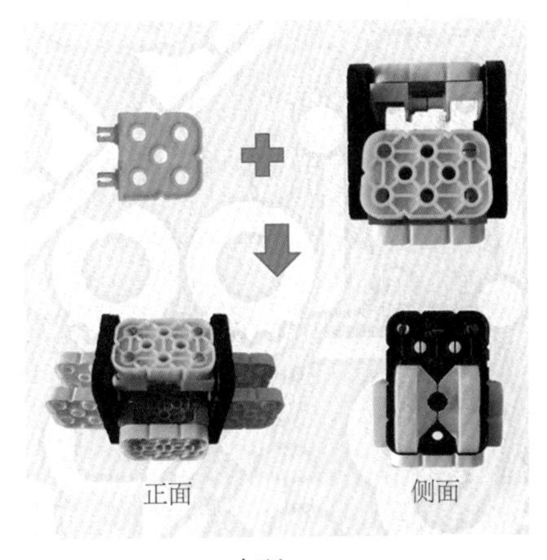

步骤10

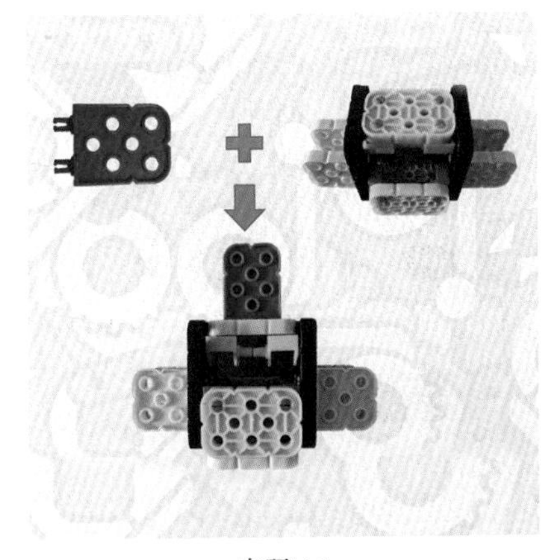

步骤11

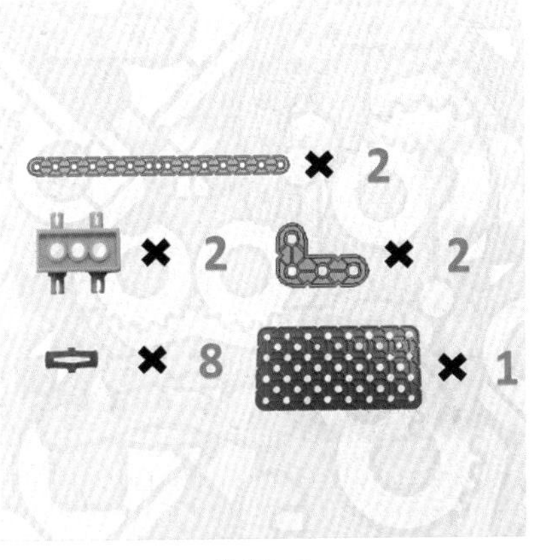

步骤12

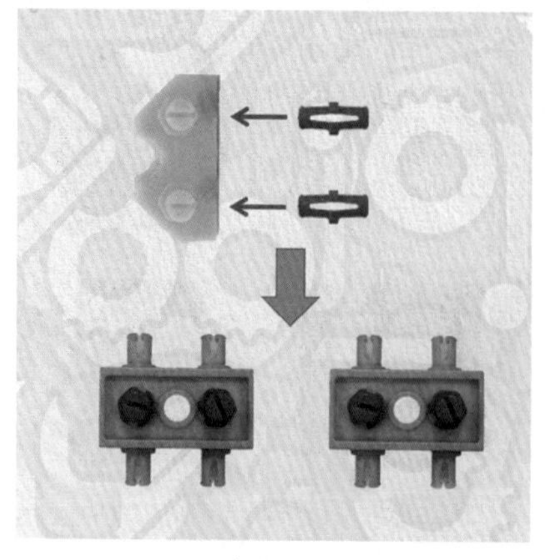

步骤13

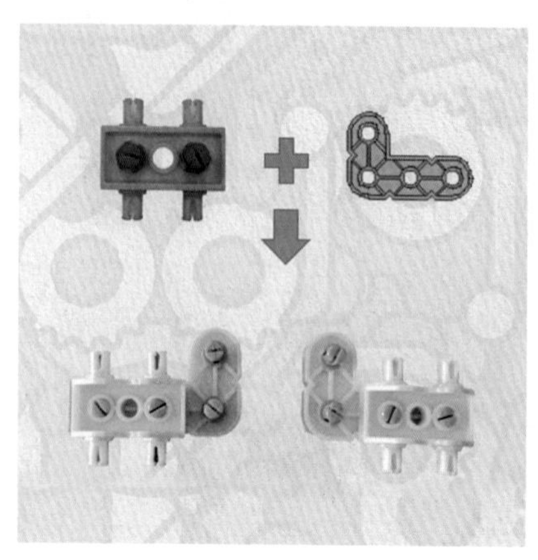

步骤14

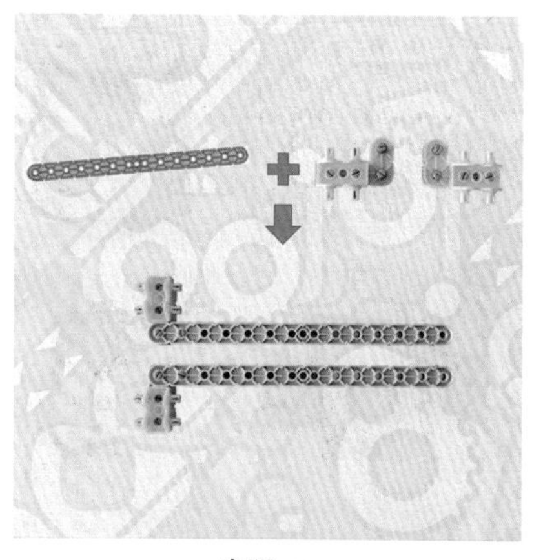

步骤15

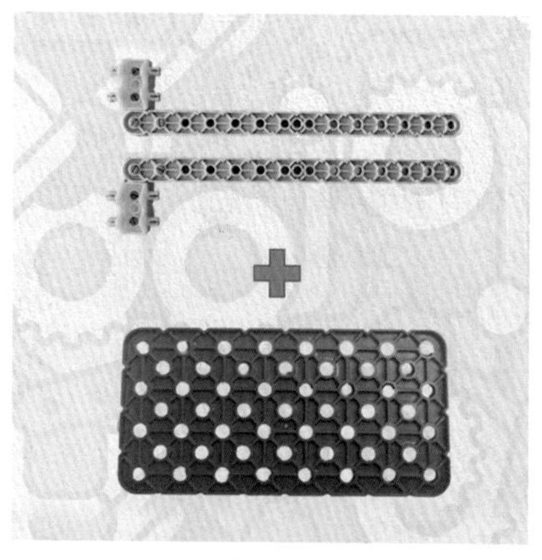

步骤16

步骤17

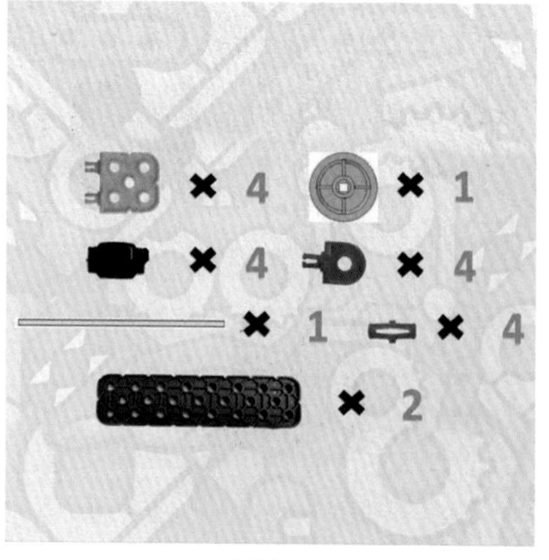

步骤18

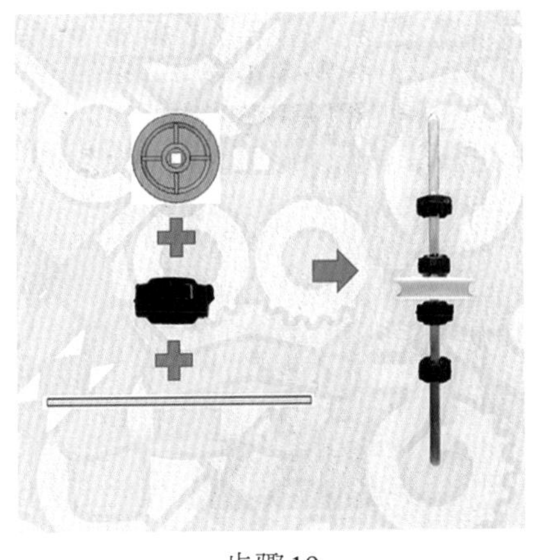

步骤19

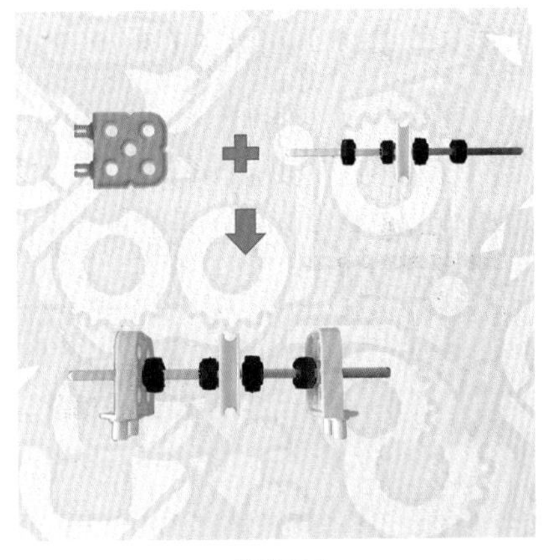

步骤20

步骤21

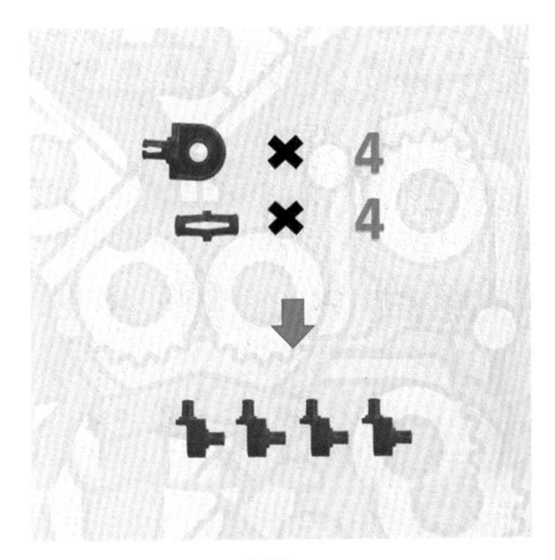

步骤22

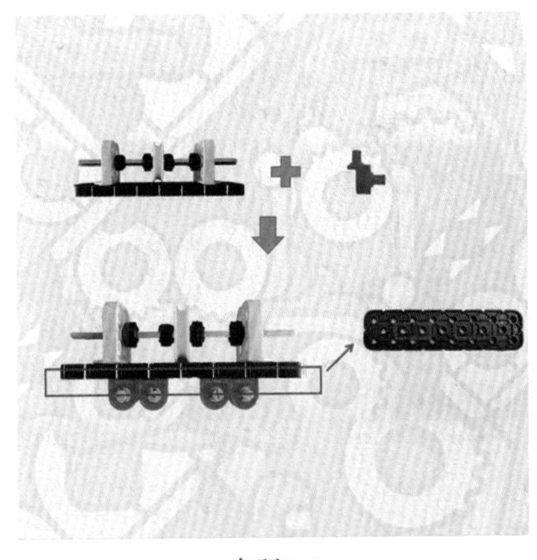

步骤23

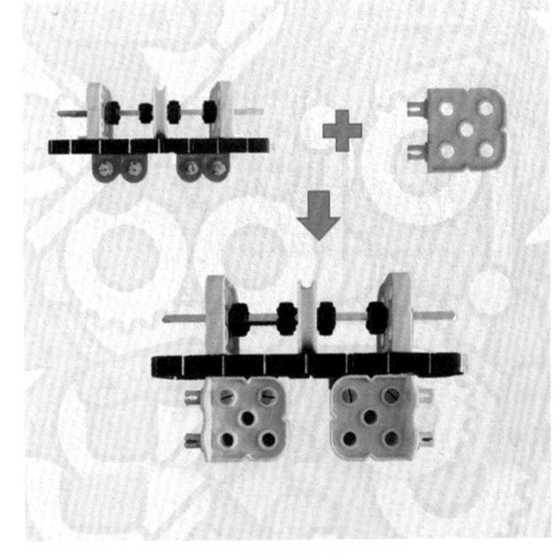

步骤24

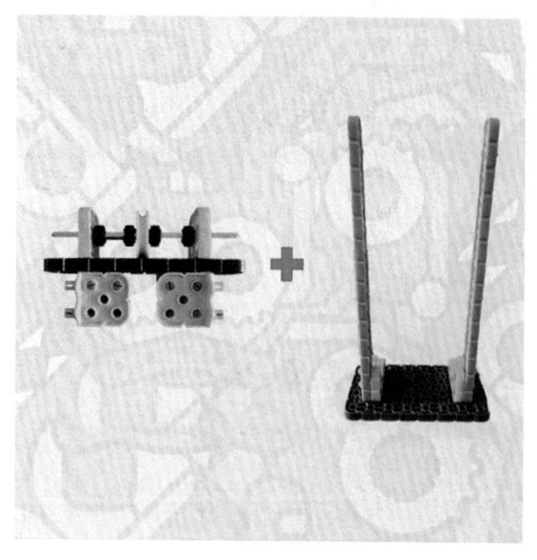

步骤25

步骤26

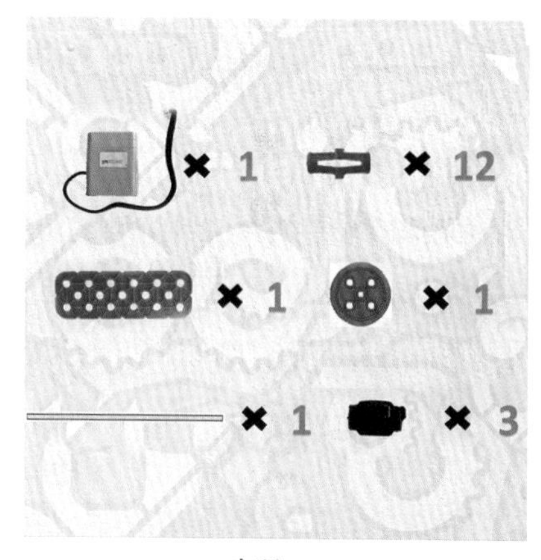

步骤27

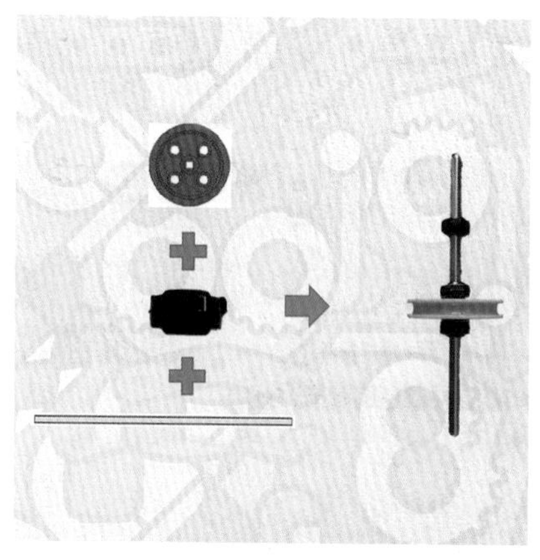

步骤28

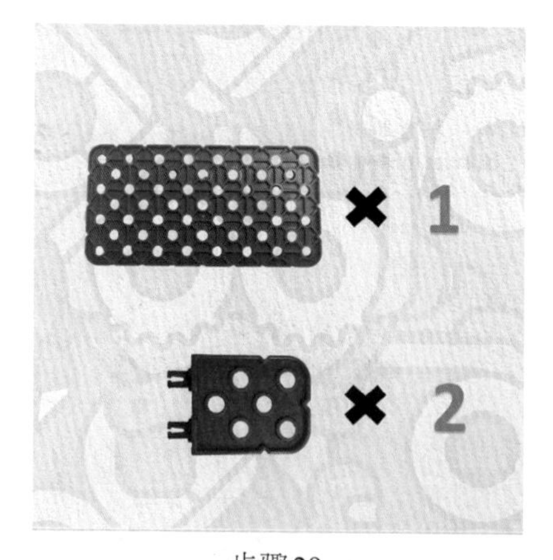

步骤29

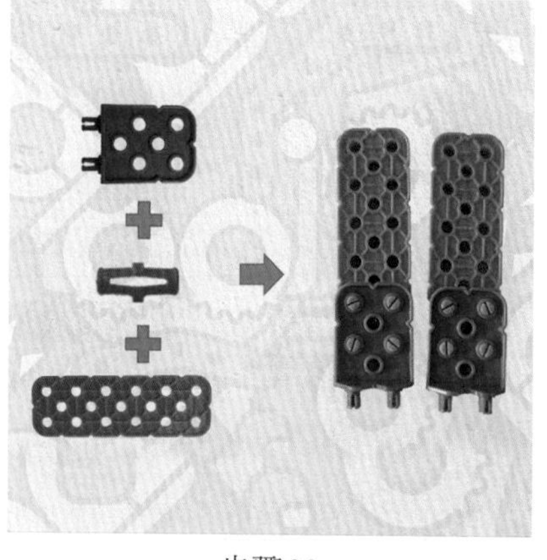

步骤30

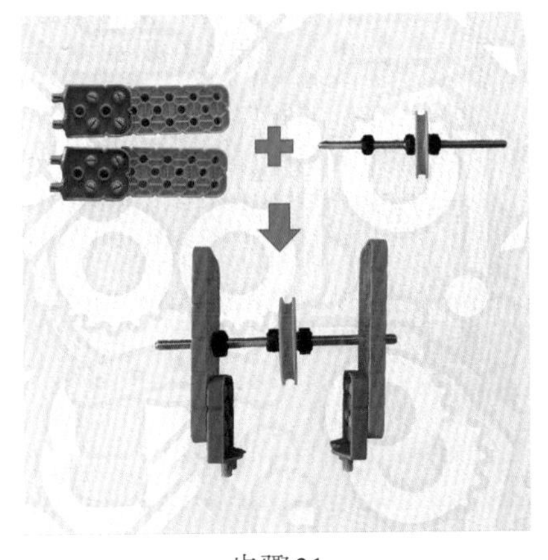

步骤31

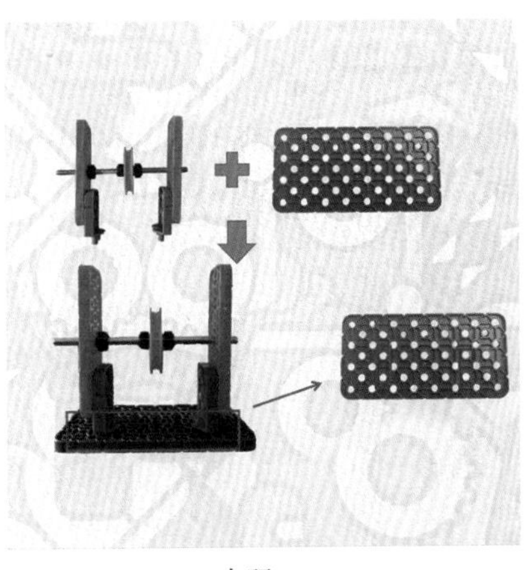

步骤32

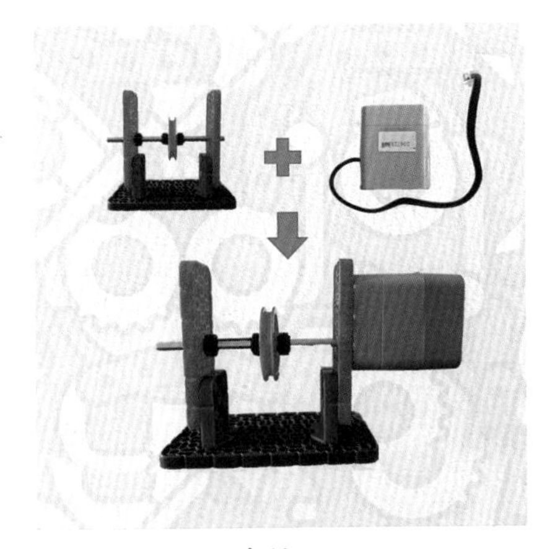

步骤33

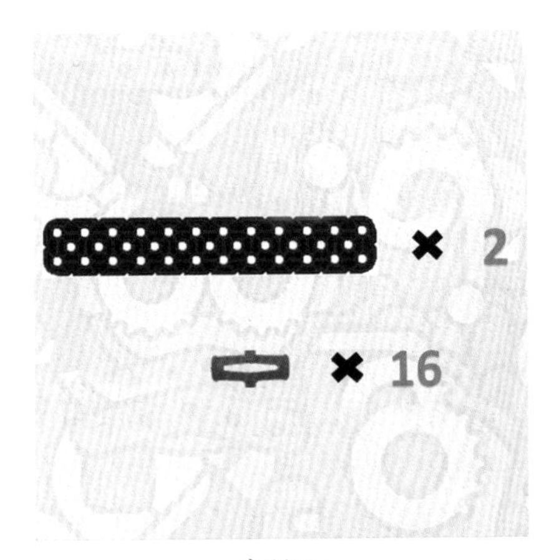

步骤34

步骤35

步骤36

编程示范

升降梯硬件配置步骤及程序编写如下。

① 建立“升降梯”程序。

建立程序

② 选择“CUSTOM ROBOT”—“DRIVETRAIN”进行设备配置。

选择设备

③ 升降电机对应端口1，正向。

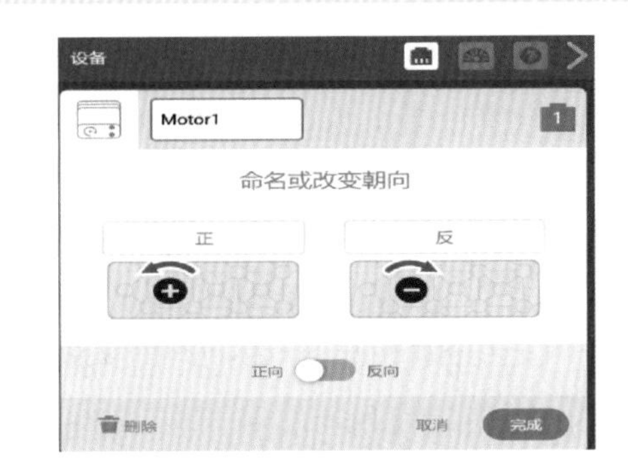

电机设置

④ 完成后硬件配置如右图所示。

硬件配置完成

⑤ 程序示例：程序开始，升降梯上下往复运动。

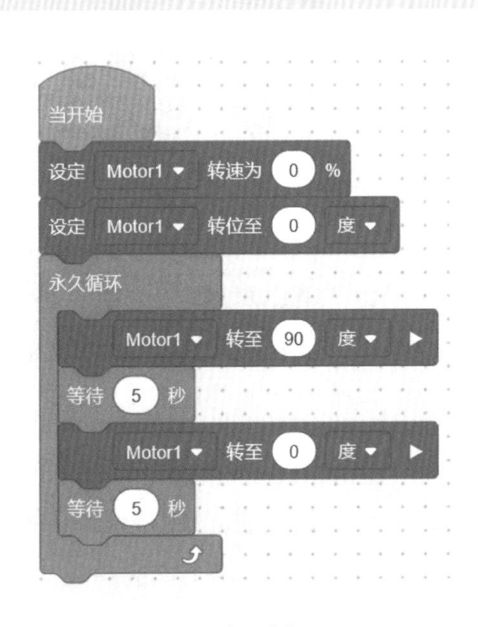

程序示例

4.8 塔吊

学习任务

1. 学习搭建“井”字形稳固底盘。
2. 搭建要求塔吊分为底盘、标准节（支架）和动力臂三部分。
3. 电机的分配。
4. 可旋转底盘与动力臂运动。
5. 掌握简单程序的编写。

教学建议

观察塔吊的结构和功能特点，着重了解塔吊各个动力部分与运动方向，注重观察搭建细节，掌握简单程序的应用。

学习目标

1. 学习搭建“井”字形底盘。
2. 使塔吊可以向各方向运动。
3. 搭建完整塔吊模型。
4. 锻炼设计能力。
5. 掌握简单程序的应用。

关键词：“井”字形底盘。

搭建步骤

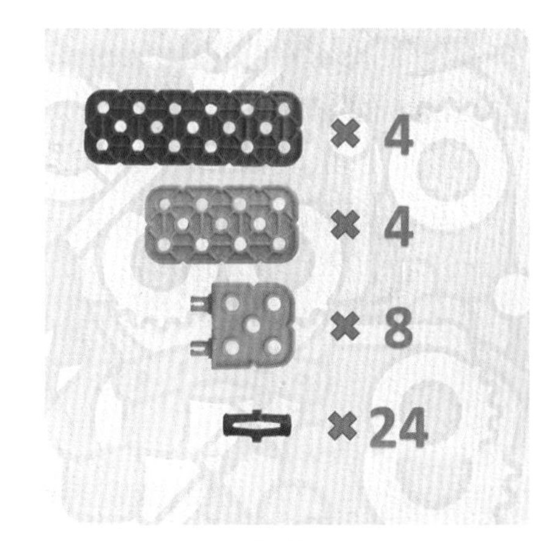

步骤1

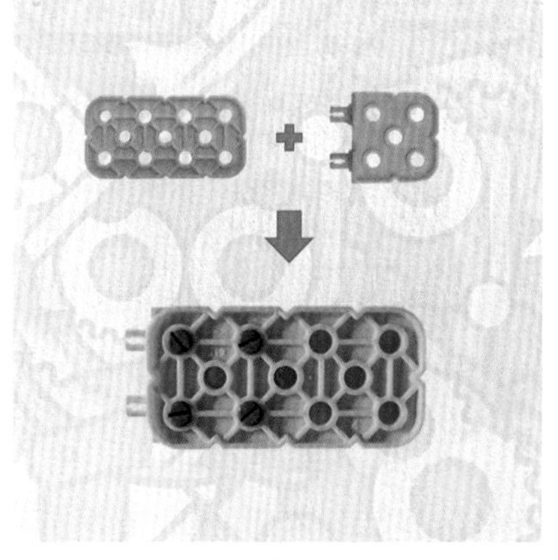
步骤2

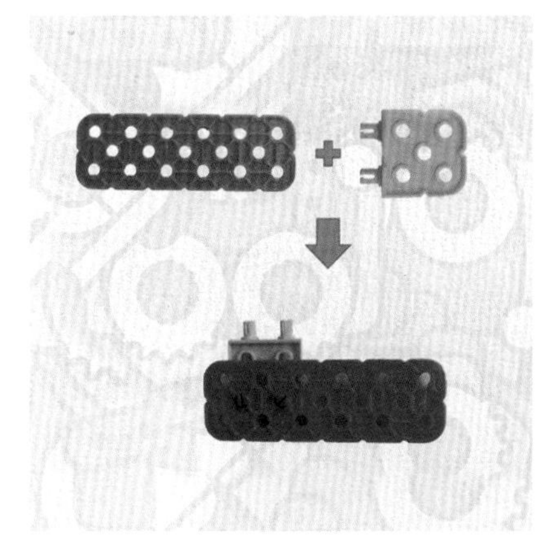
步骤3

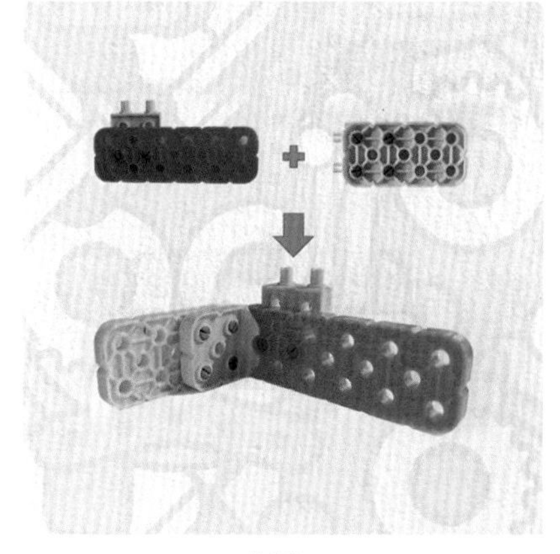
步骤4

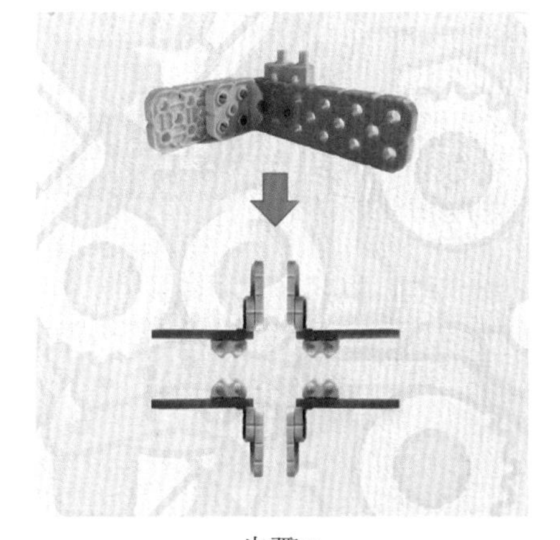
步骤5

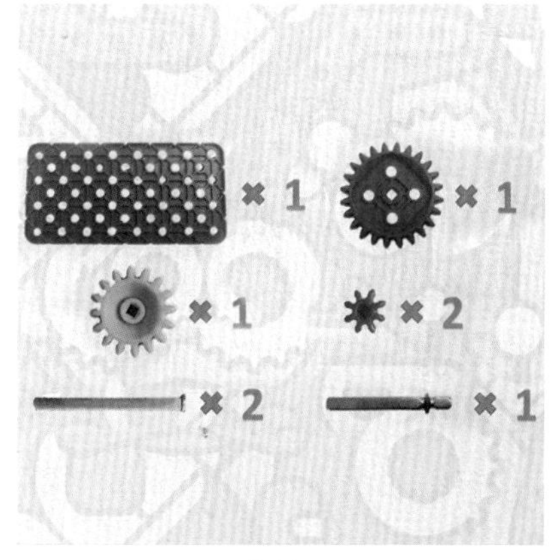

步骤6

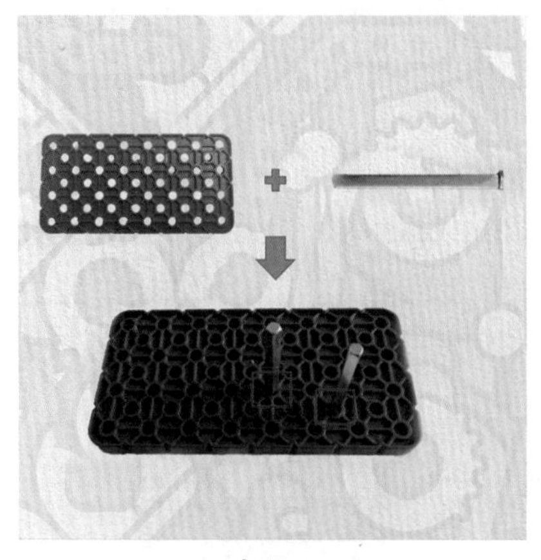

步骤7

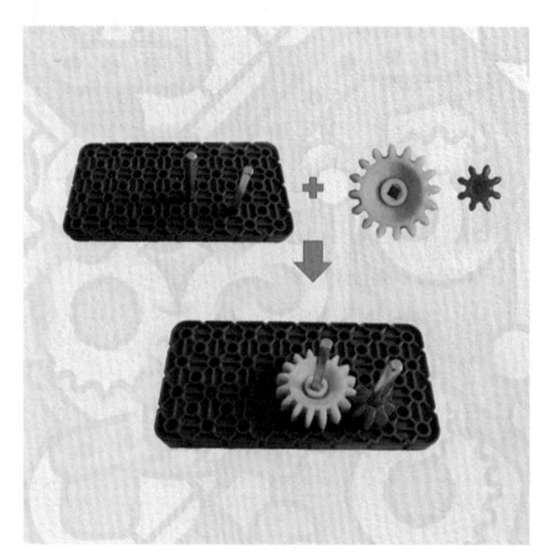

步骤8

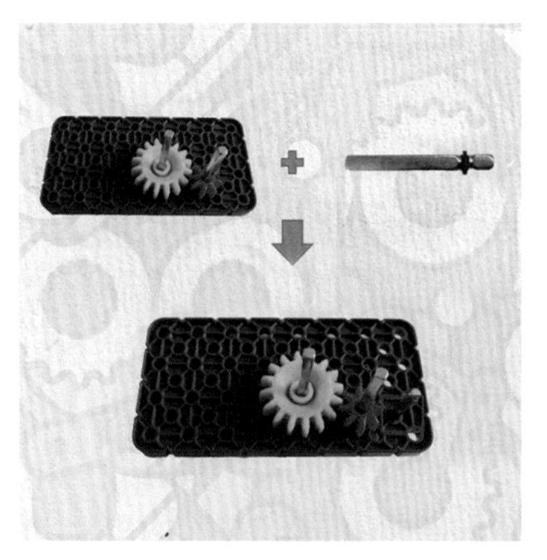

步骤9

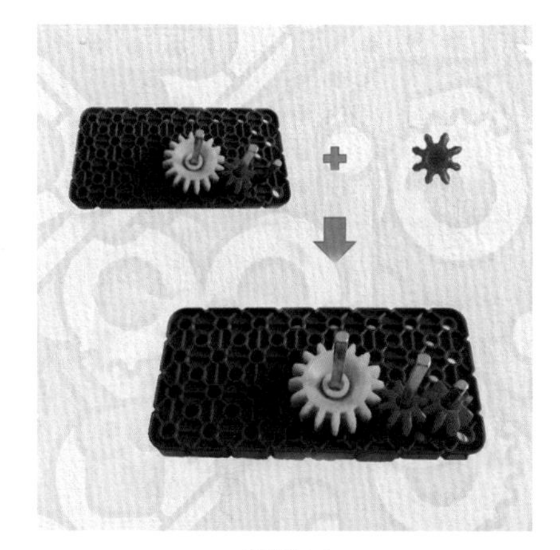

步骤10

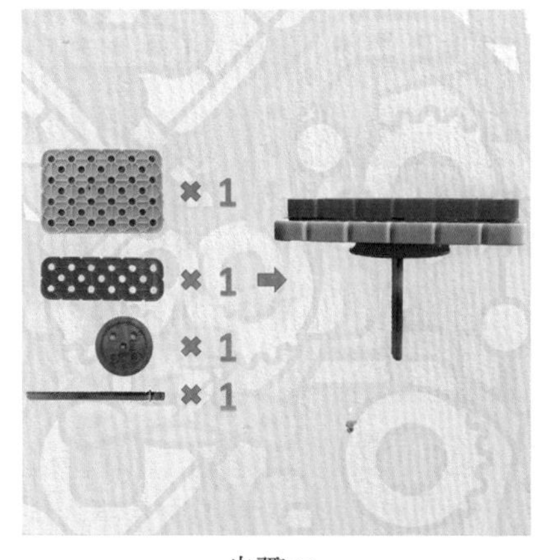

步骤11

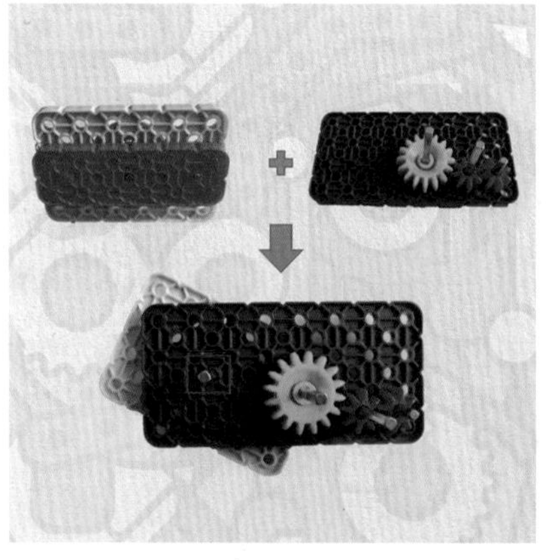

步骤12

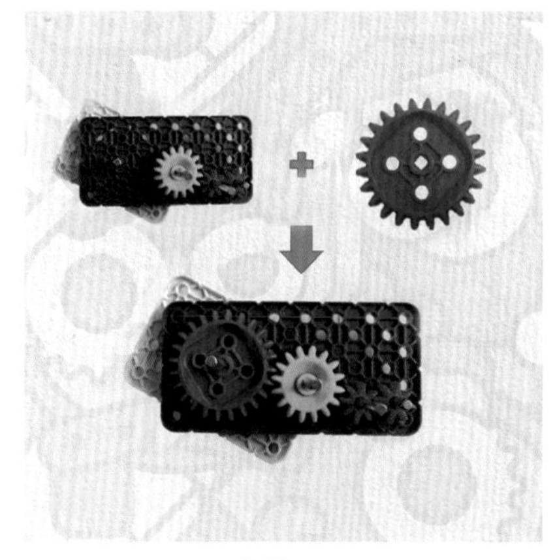

步骤13

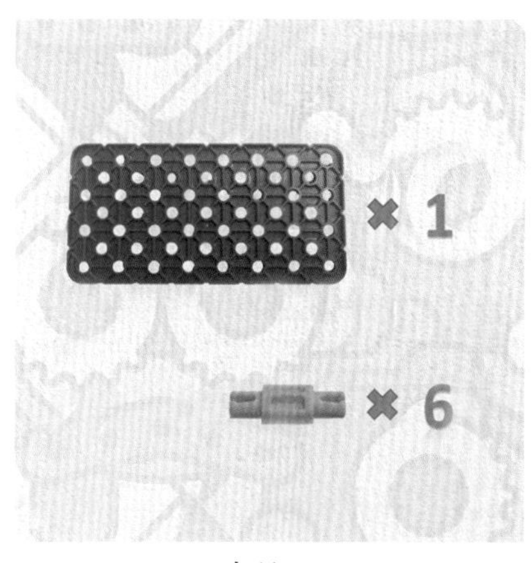

步骤14

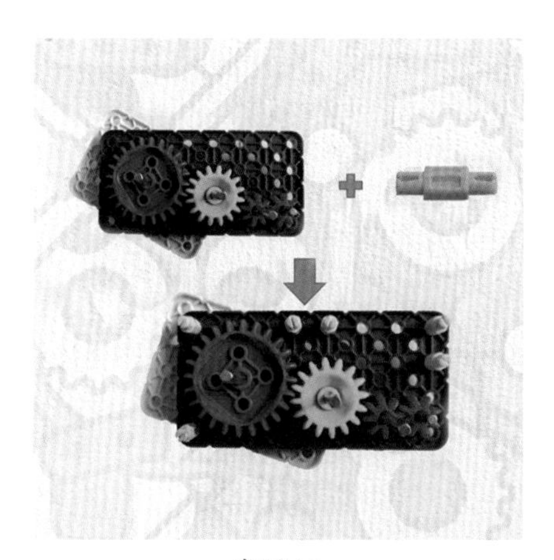

步骤15

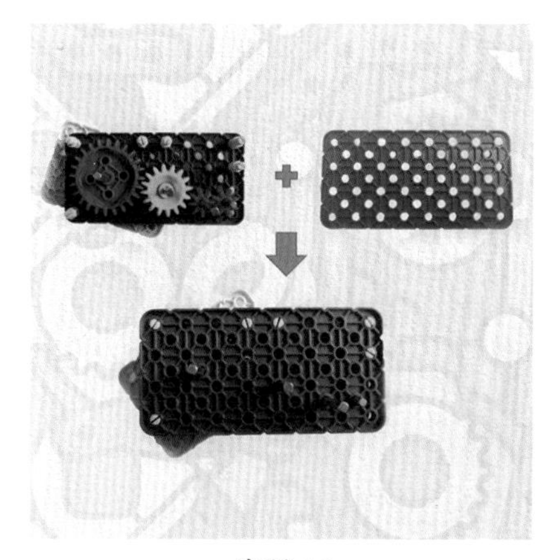

步骤16

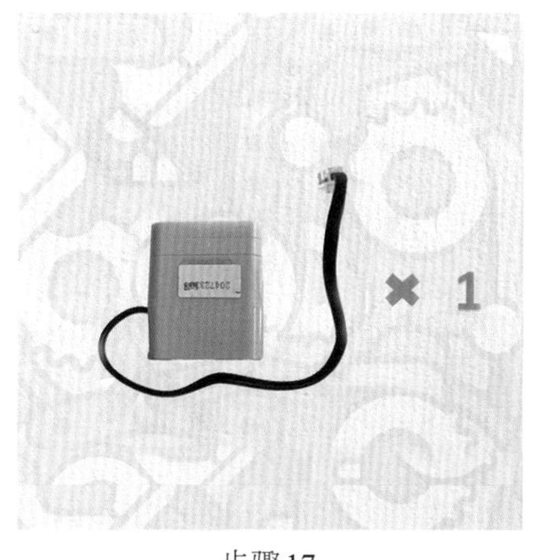

步骤17

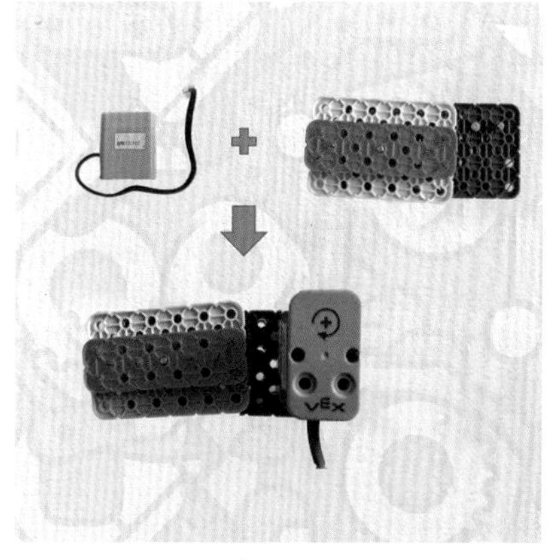

步骤18

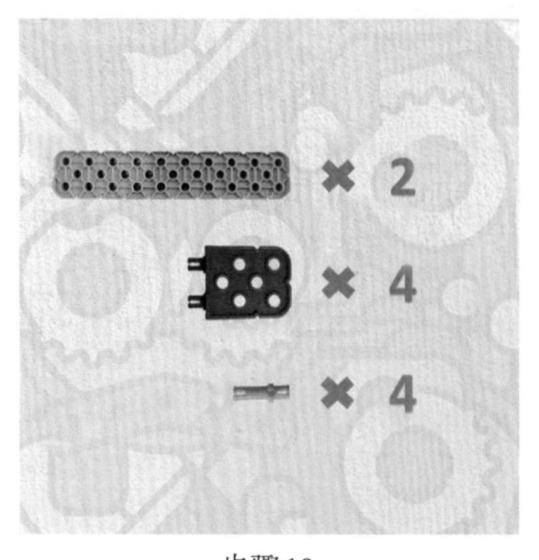

步骤19

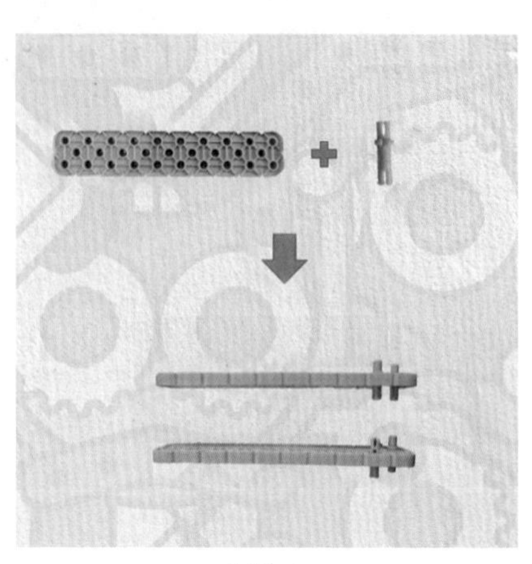

步骤20

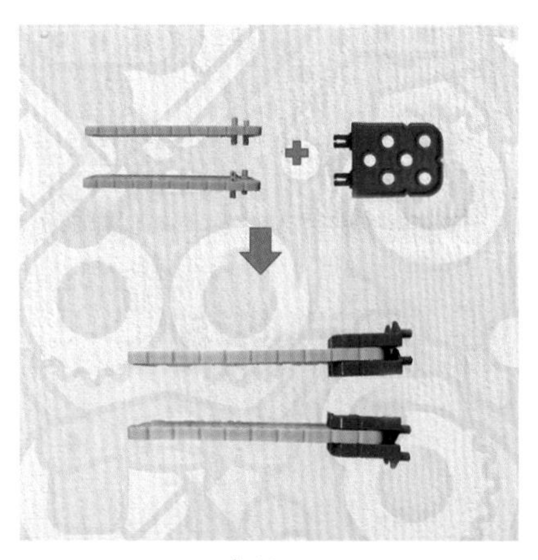

步骤21

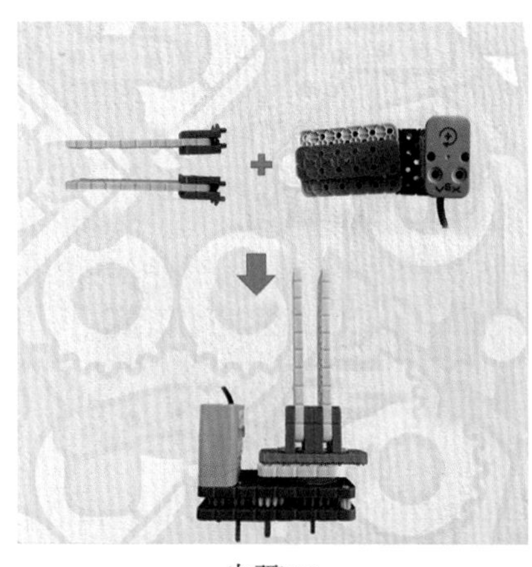

步骤22

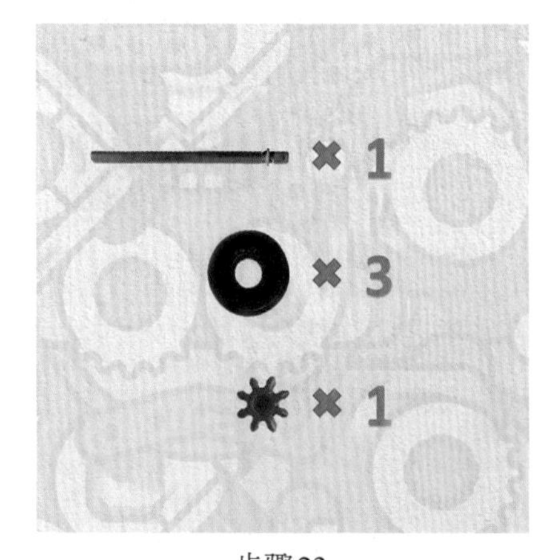

步骤23

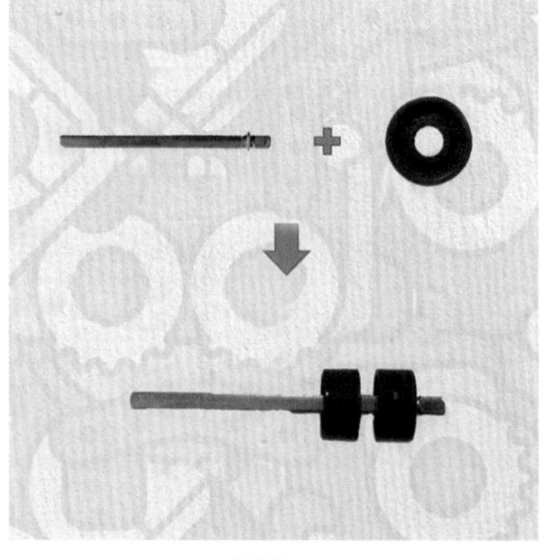

步骤24

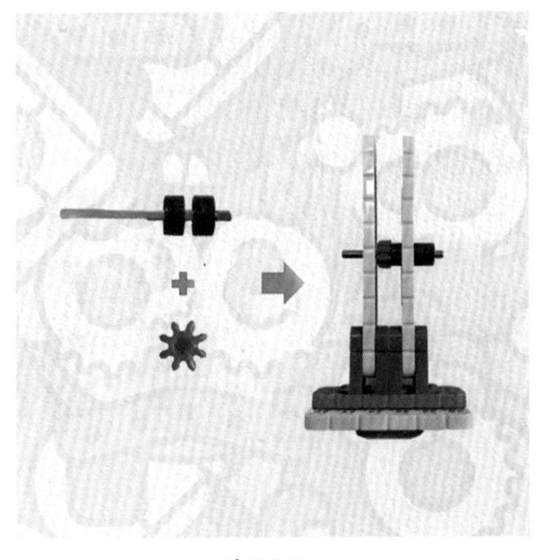

步骤25

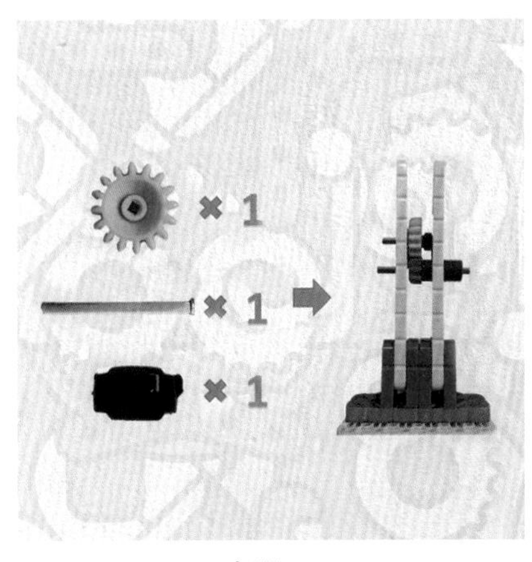

步骤26

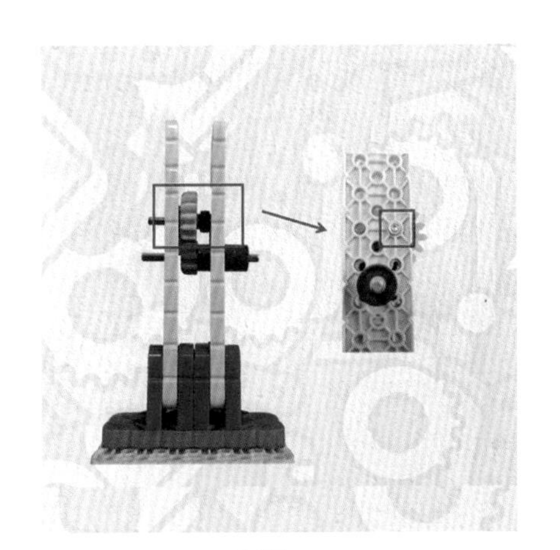

步骤27

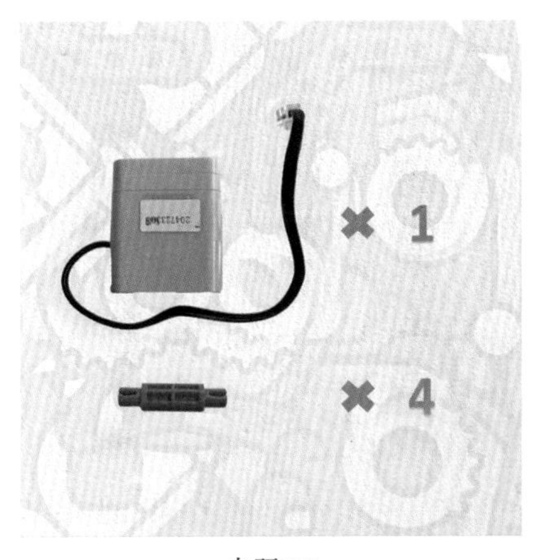

步骤28

步骤29

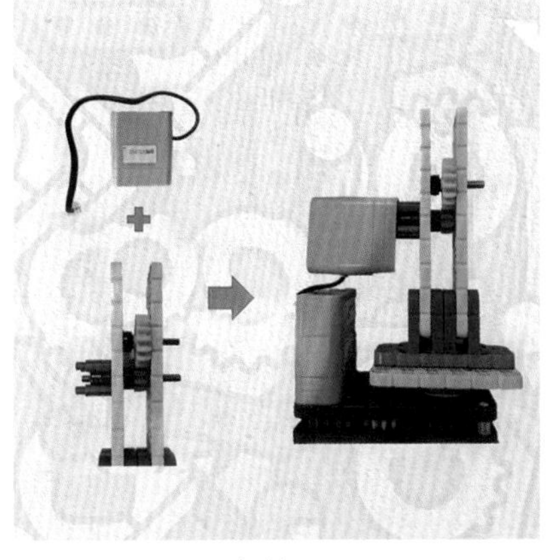

步骤30

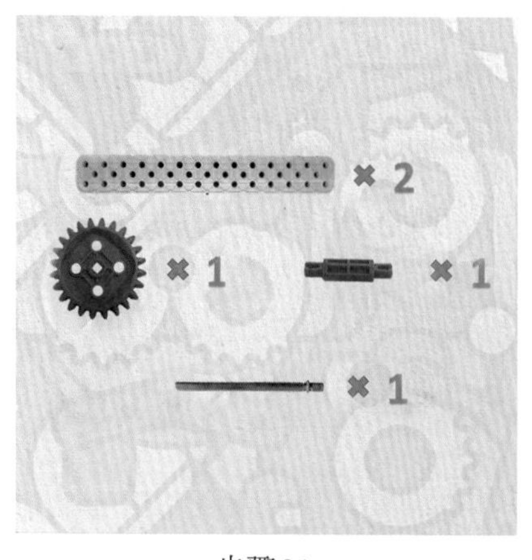

步骤31

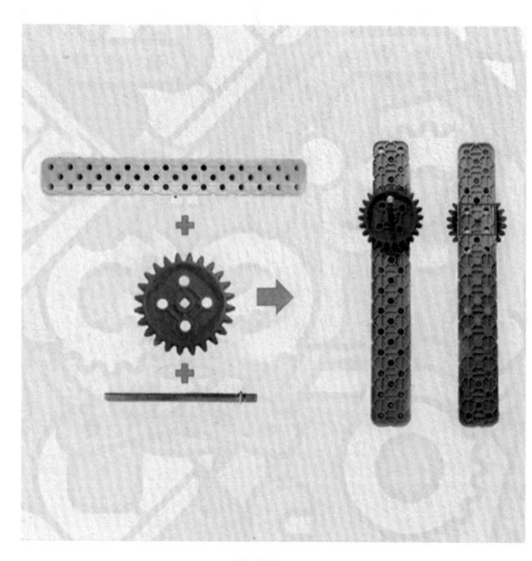

步骤32

步骤33

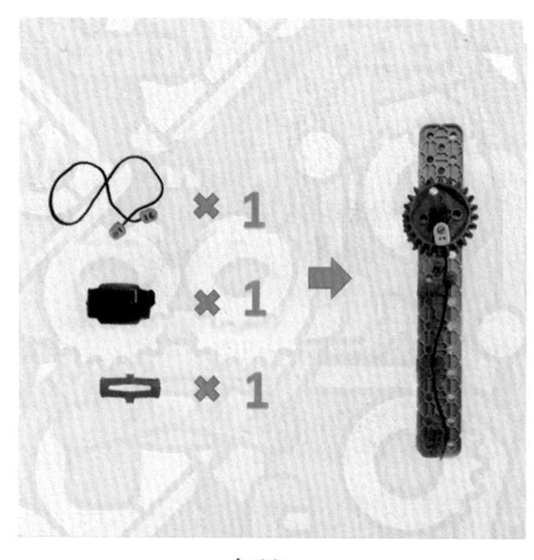

步骤34

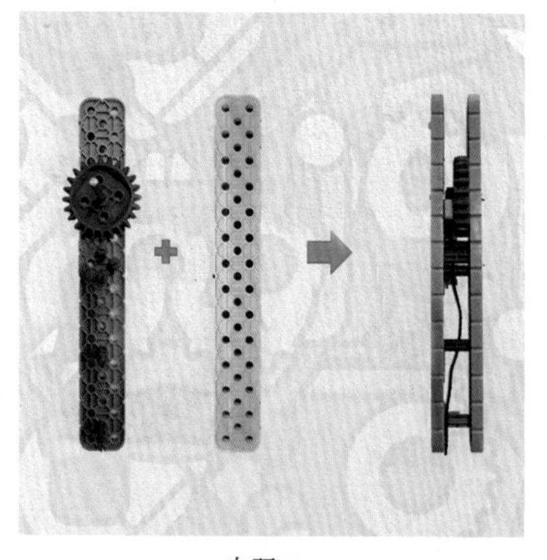

步骤35

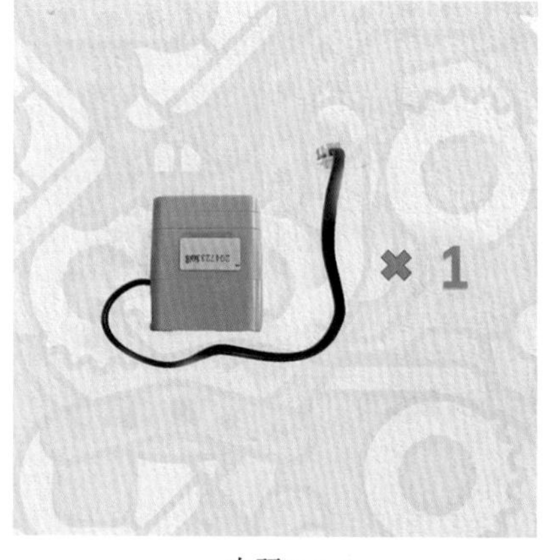

步骤36

步骤37

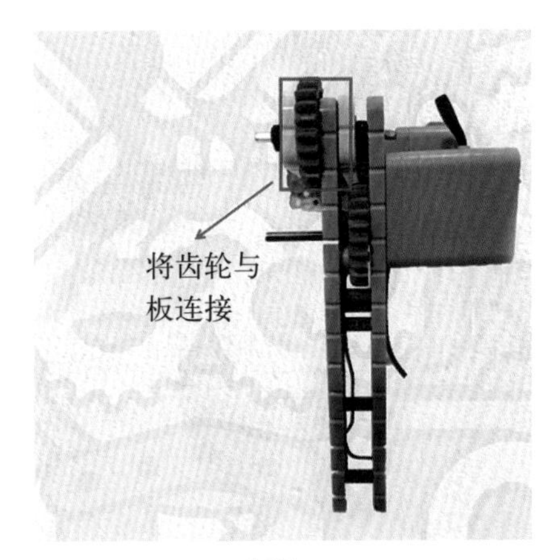

步骤38

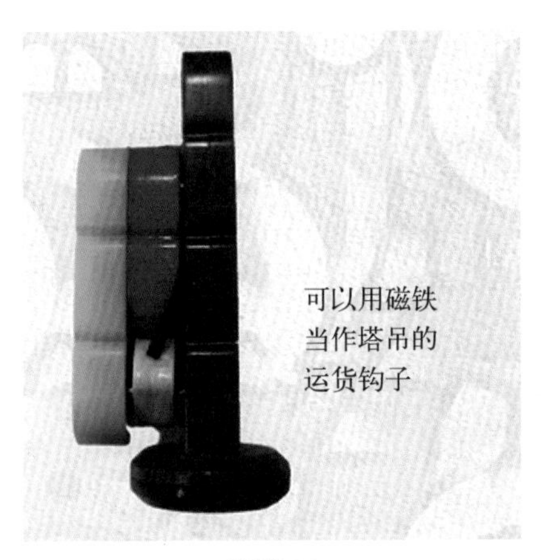

步骤39

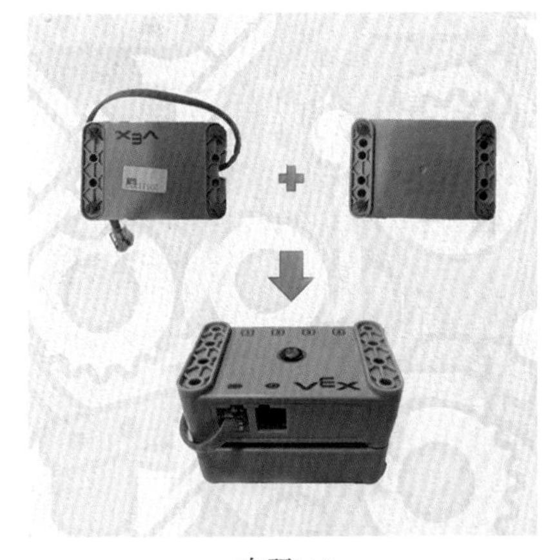

步骤40

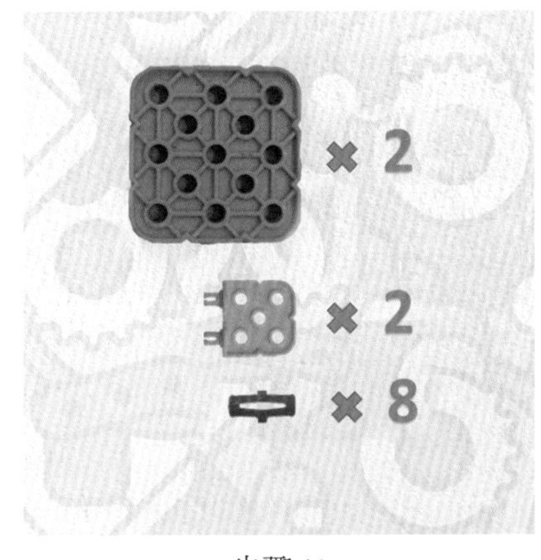

步骤41

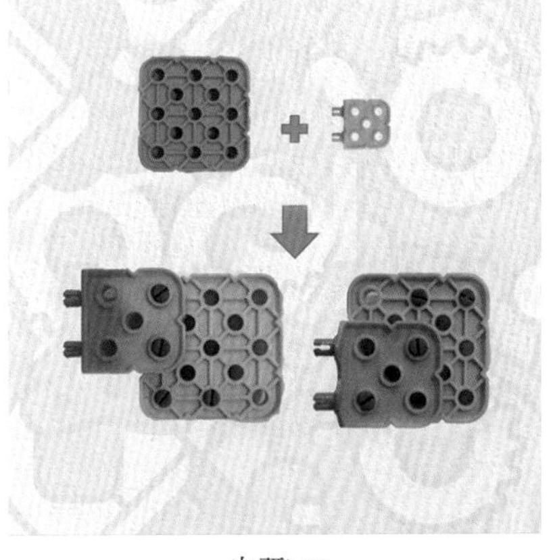

步骤42

步骤43

步骤44

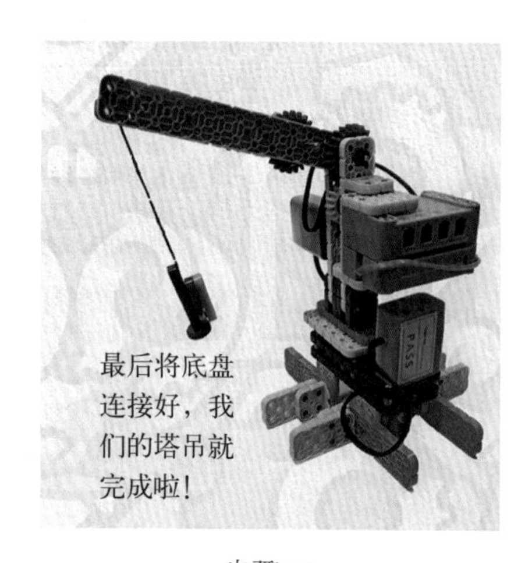

步骤45

编程示范

塔吊硬件配置步骤及程序编写如下。

① 建立“塔吊”程序。

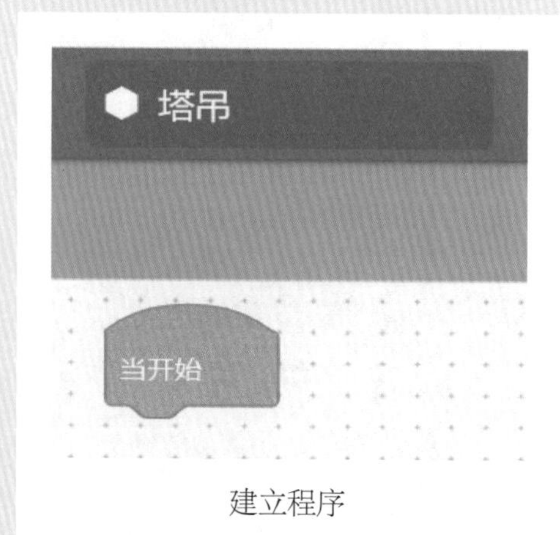

建立程序

② 选择“CUSTOM ROBOT”—“DRIVETRAIN”进行设备配置。

选择设备

③ 塔基电机对应端口1，正向；吊臂电机对应端口2，正向；吊绳电机对应端口3，正向。

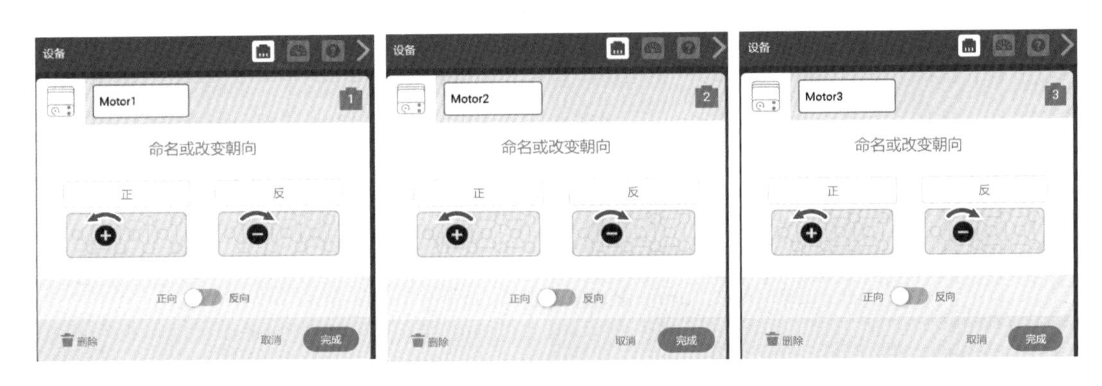

电机设置

硬件配置完成

④ 完成后硬件配置如左图所示。

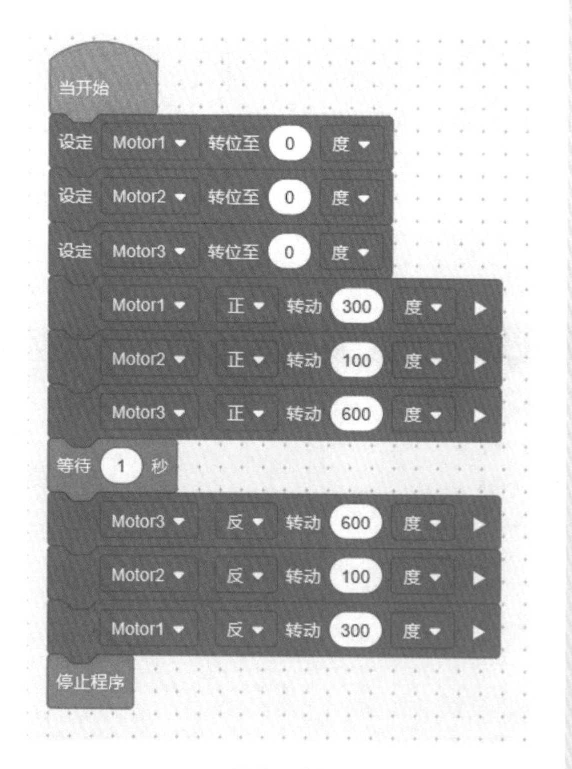

程序示例

⑤ 程序示例：程序开始，塔基开始旋转，到指定位置后吊臂下垂，释放吊绳；取到吊物后，收起吊绳，吊臂上升，回到初始位置。

4.9 跳舞机器人

学习任务

1. 利用不同传感器使机器人做不同动作。
2. 搭建要求底盘、手臂和头三部分。
3. 利用所学不同结构搭建。
4. 编写程序。

教学建议

观察机器人的结构功能特点，并了解机器人动作与功能。

学习目标

1. 了解不同传感器不同的应用。
2. 通过底盘结构与稳定结构搭建机器人。
3. 锻炼创新创作能力。

关键词：传感器，稳定结构。

搭建步骤

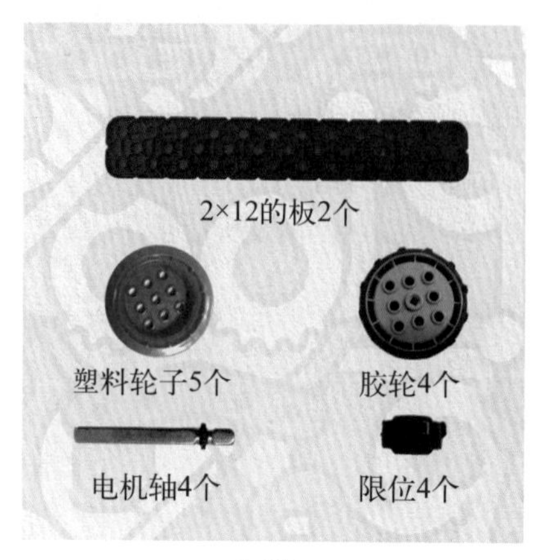

步骤1

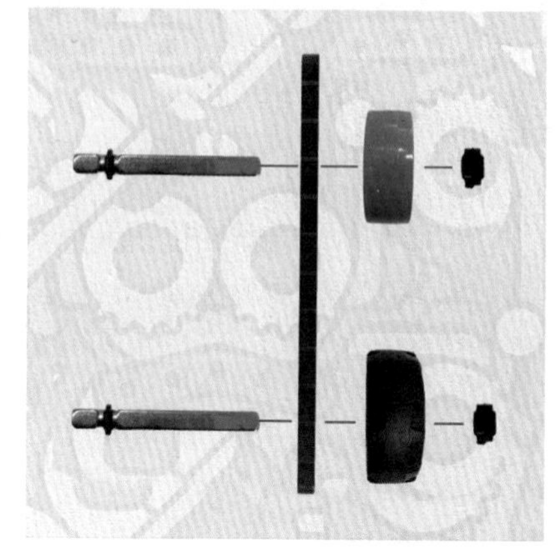

步骤2

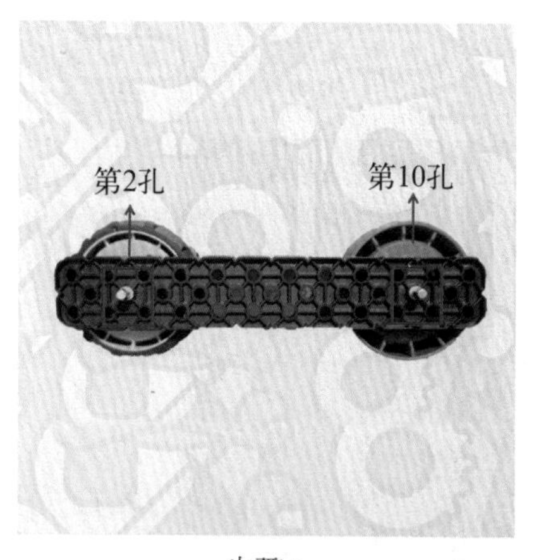

步骤3

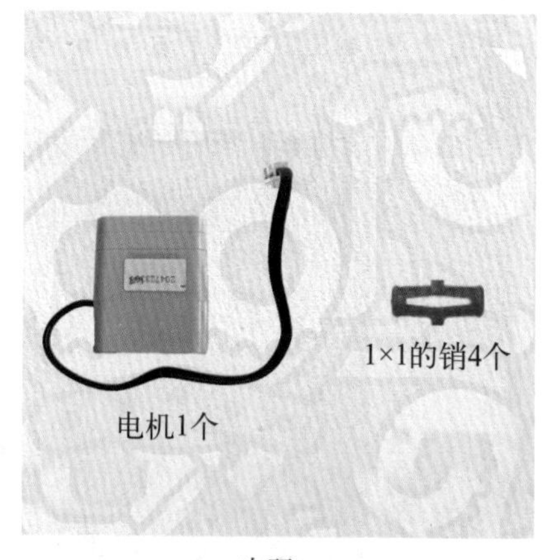

步骤4

步骤5

步骤6

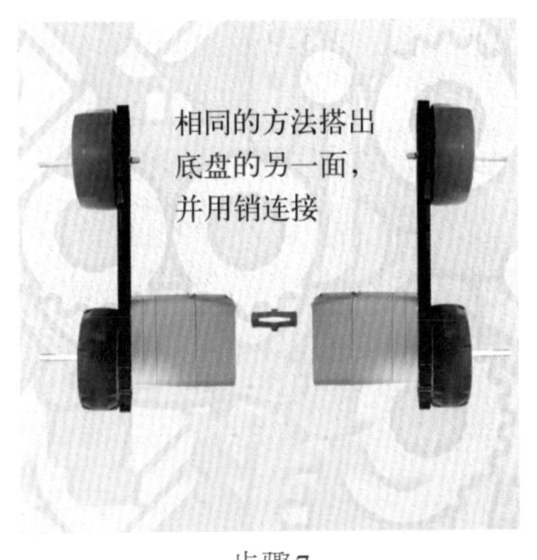

步骤7

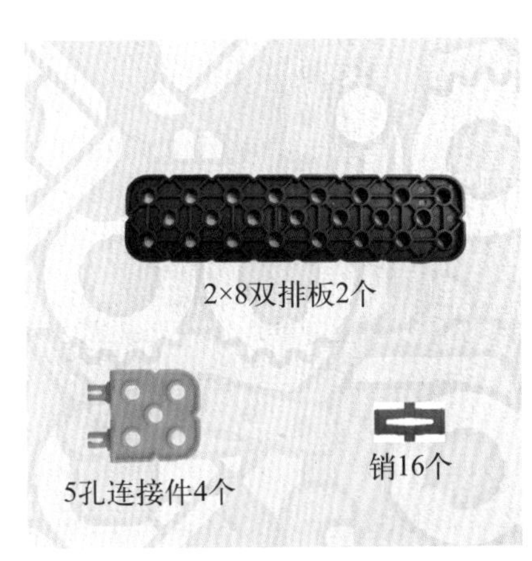

步骤8

步骤9

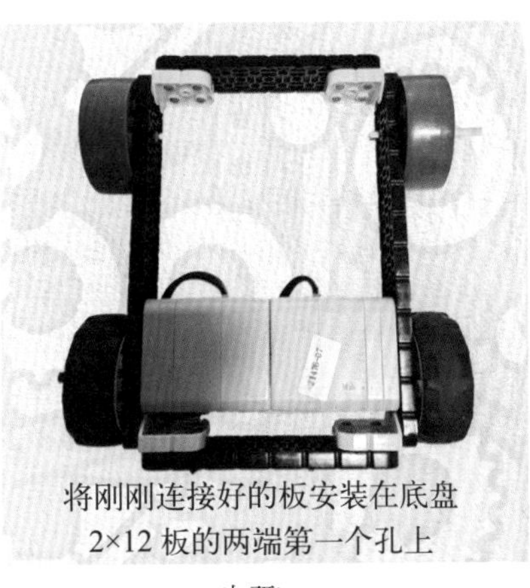

步骤10

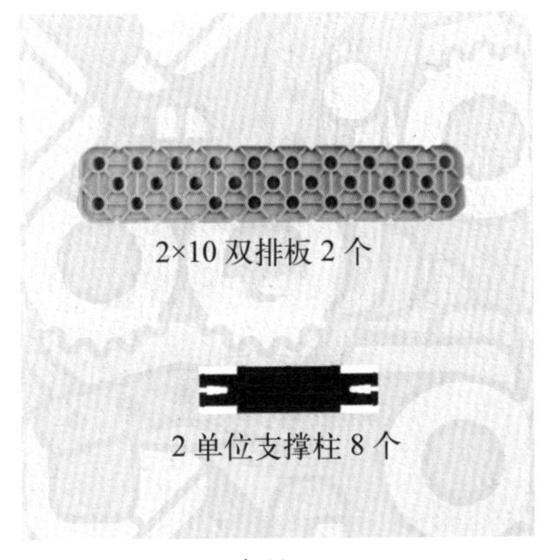

步骤11

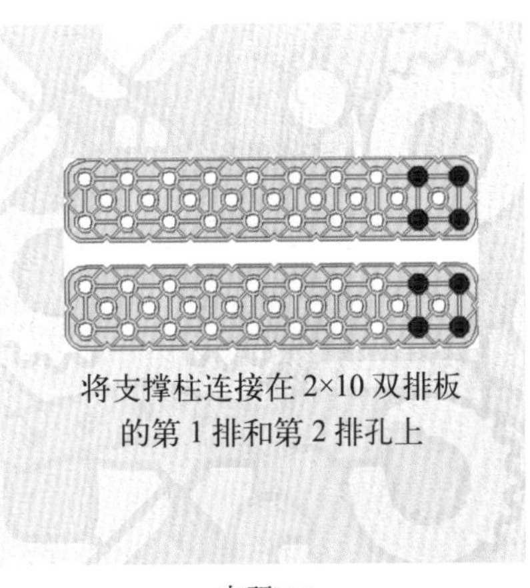

步骤12

步骤 13

蓝色齿轮 2 个　　绿色齿轮 2 个

限位 4 个　　金属轴 2 个

步骤 14

步骤 15

步骤 16

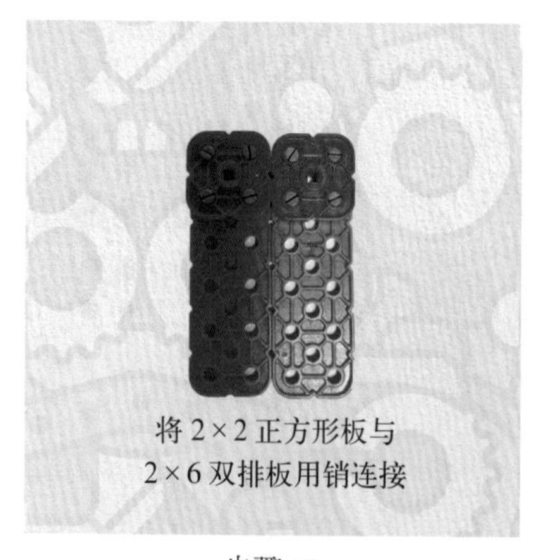

步骤 17

步骤 18

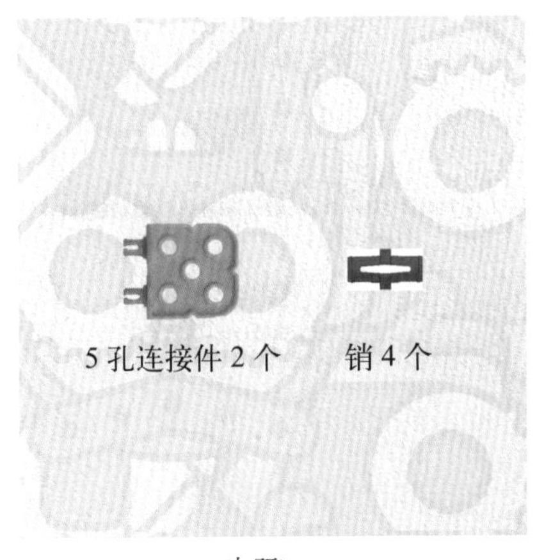

步骤19

步骤20

步骤21

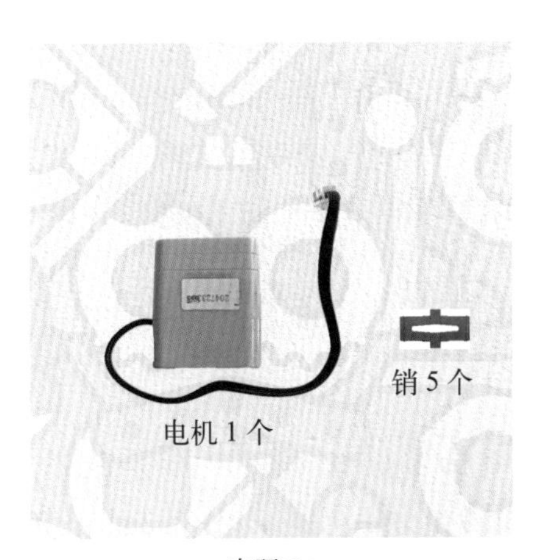

步骤22

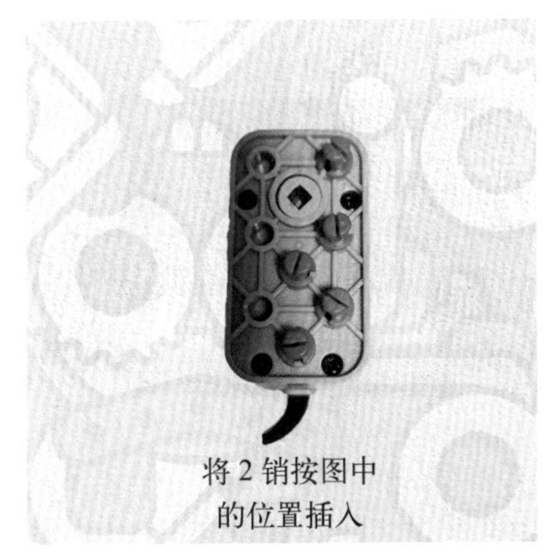

步骤23

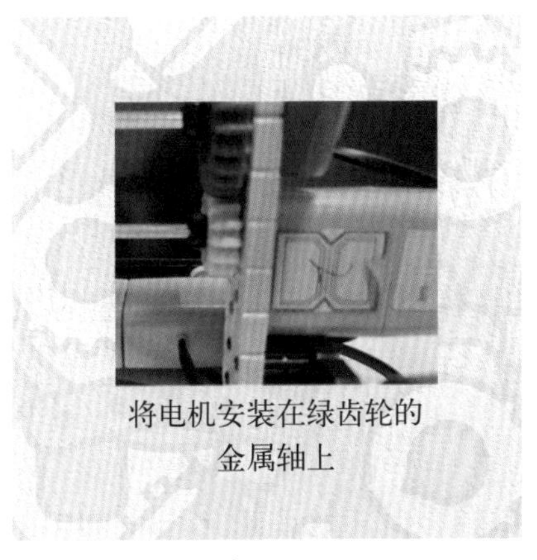

步骤24

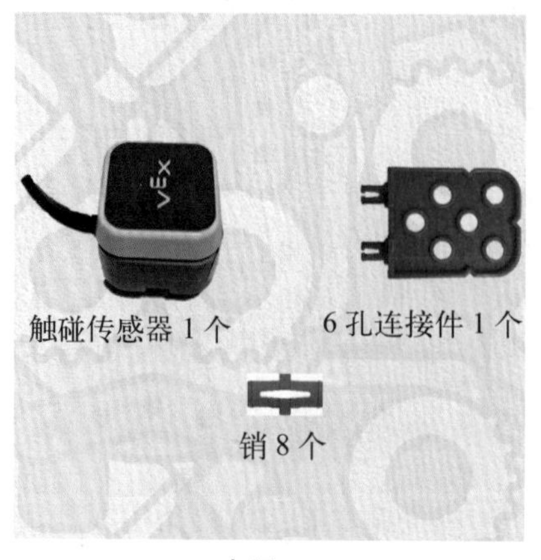

步骤25

步骤26

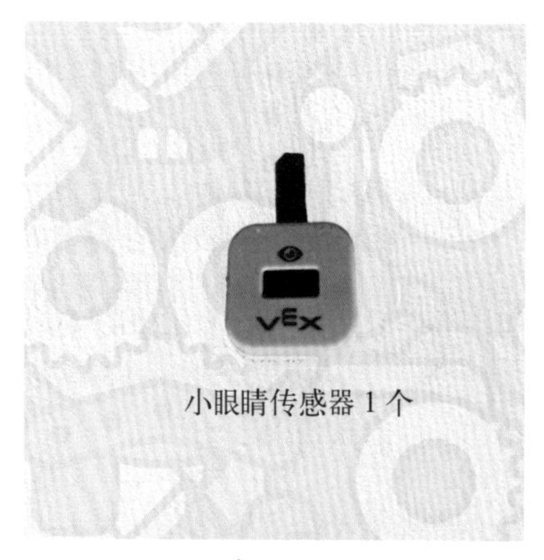

步骤27

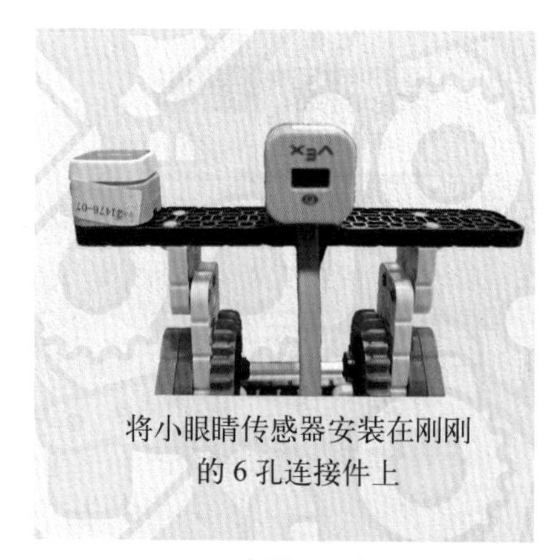

步骤28

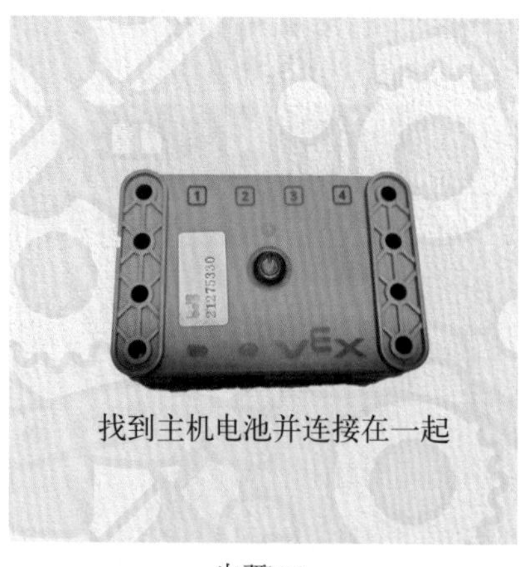

步骤29

步骤30

步骤31

编程示范

跳舞机器人硬件配置步骤及程序编写如下。

① 建立“跳舞机器人”程序。

② 选择“CUSTOM ROBOT”—“DRIVETRAIN”进行设备配置。

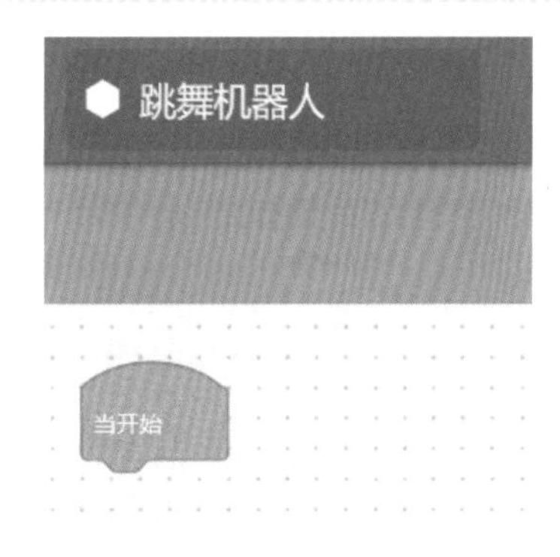

建立程序

选择设备

③ 底盘左电机对应端口1，右电机对应端口4。手臂电机对应端口2，正向。LED触碰开关对应端口3。视觉传感器对应专用端口。

端口设置

④ 完成后硬件配置如右图所示。

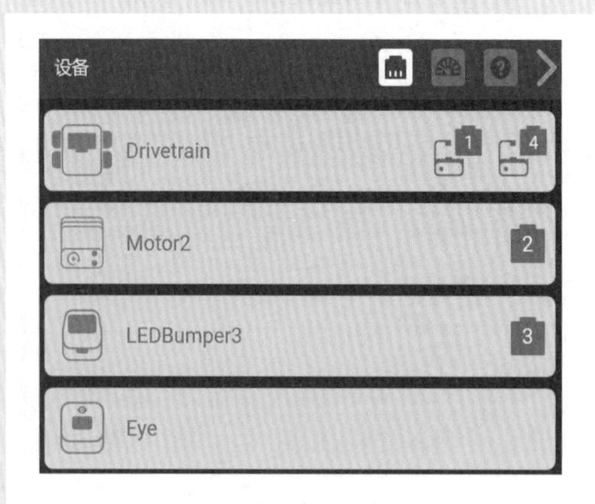

硬件配置完成

⑤ 程序示例：运行程序后，跳舞机器人发现前边有人后，会跳一段舞蹈，同时LED变换色彩。

程序示例

4.10 智能书桌

学习任务

1.使用传感器。

2.搭建小风扇。

3.简单程序的编写。

教学建议

观察书桌的结构和功能特点，并了解书桌结构与功能。

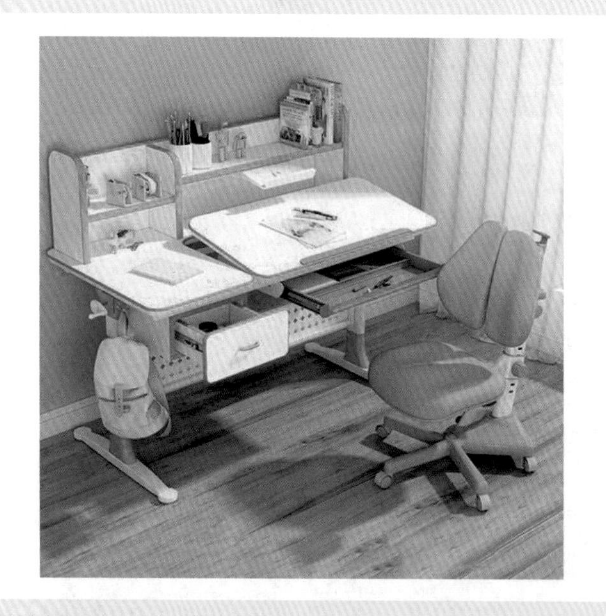

学习目标

1.了解单传感器的作用。

2.通过搭建书桌了解传感器的作用。

3.锻炼思维能力。

关键词：传感器。

搭建步骤

步骤1

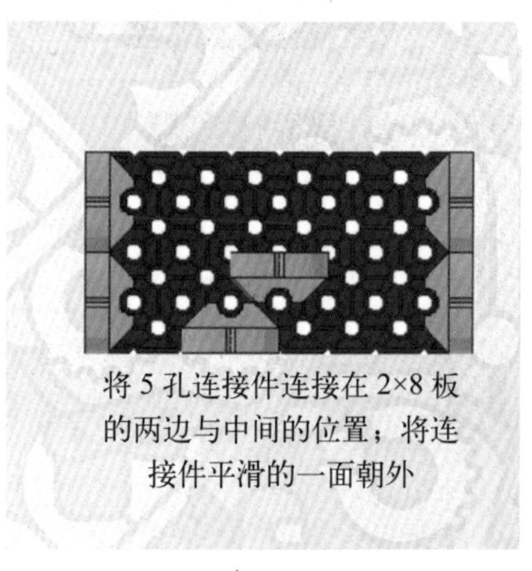

步骤2

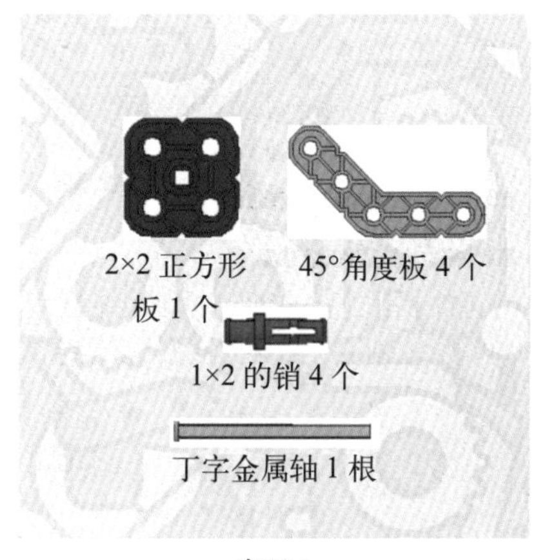

步骤3

步骤4

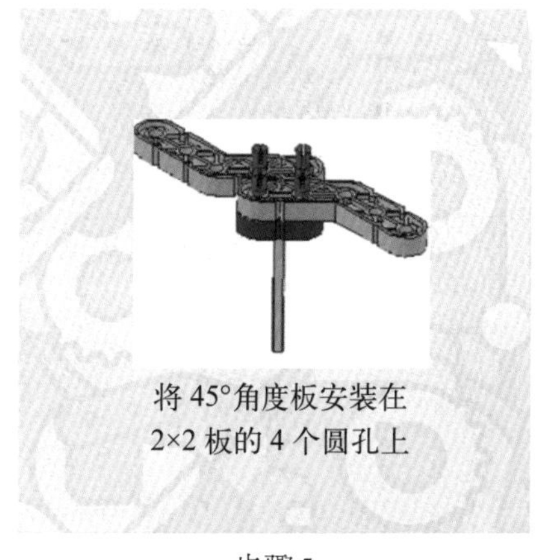

步骤5

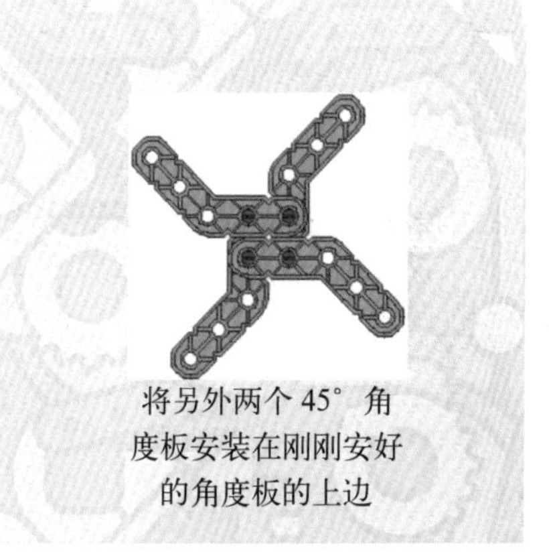

步骤6

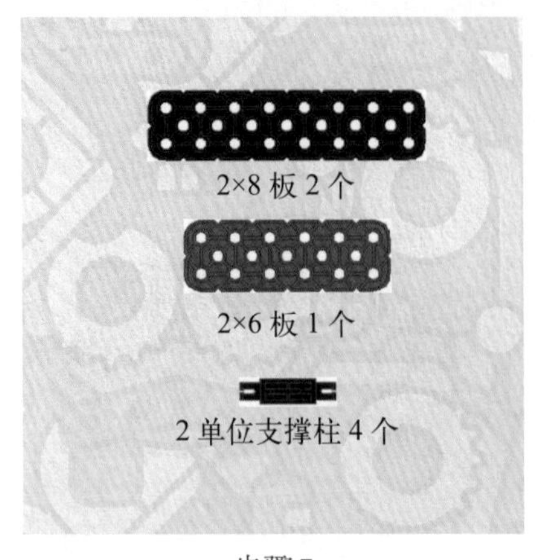

步骤7

步骤8

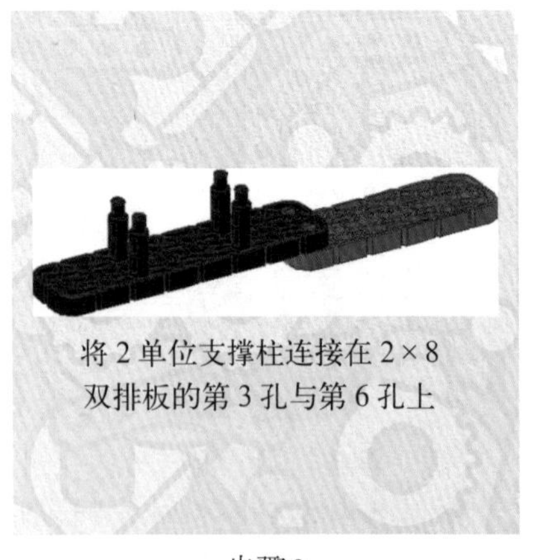

步骤9

步骤10

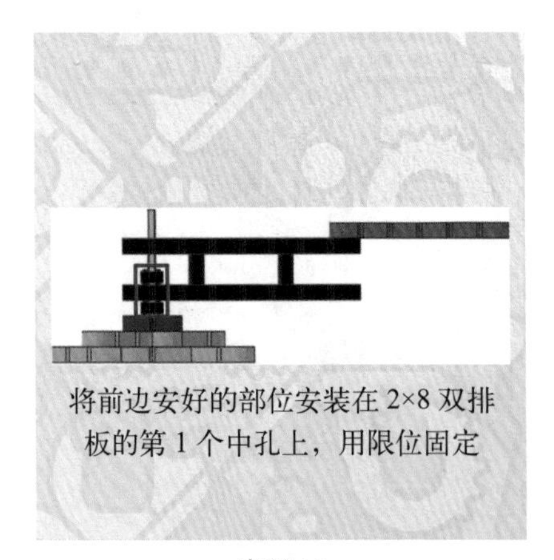

步骤11

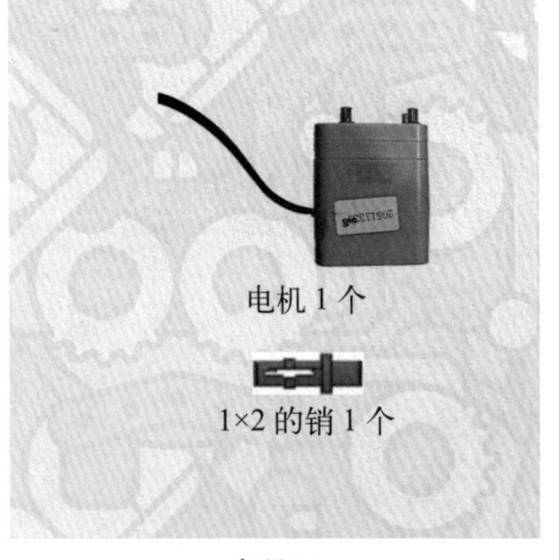

步骤12

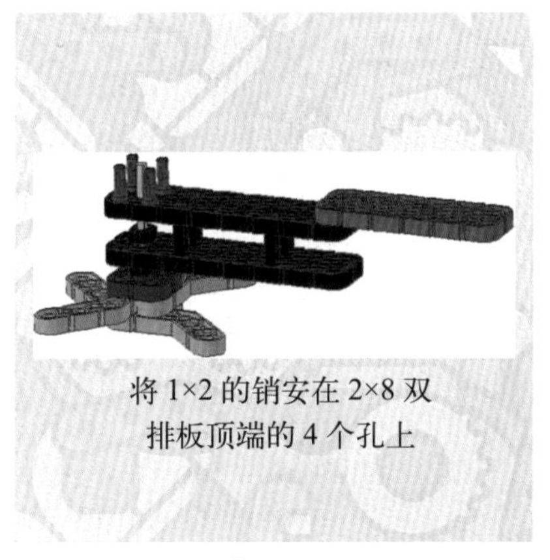

步骤13

步骤14

步骤15

步骤16

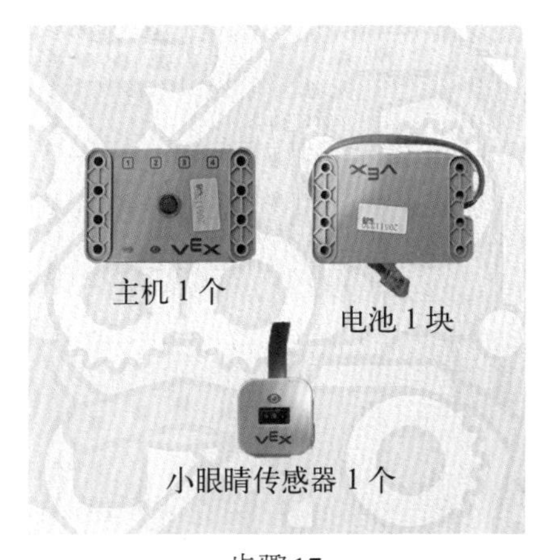

步骤17

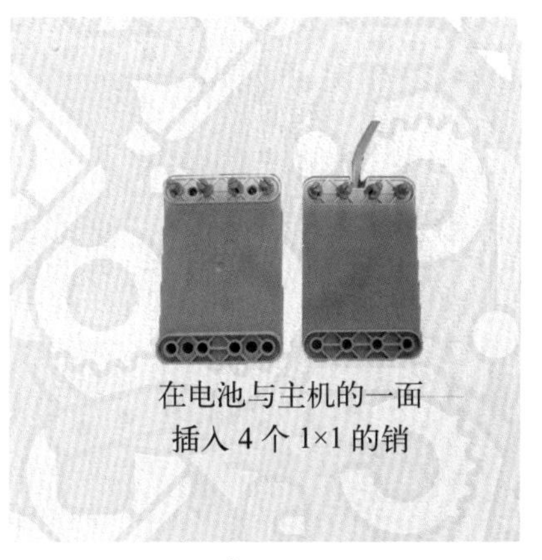

步骤18

步骤19

步骤20

编程示范

智能书桌硬件配置步骤及程序编写如下。

① 建立“智能书桌”程序。

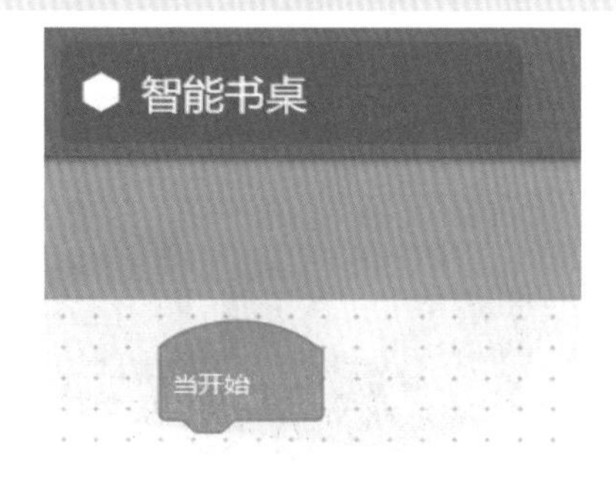

建立程序

② 选择“CUSTOM ROBOT”—“DRIVETRAIN”进行设备配置。

选择设备

③ 风扇电机对应端口 1，正向；添加视觉传感器到专用端口。

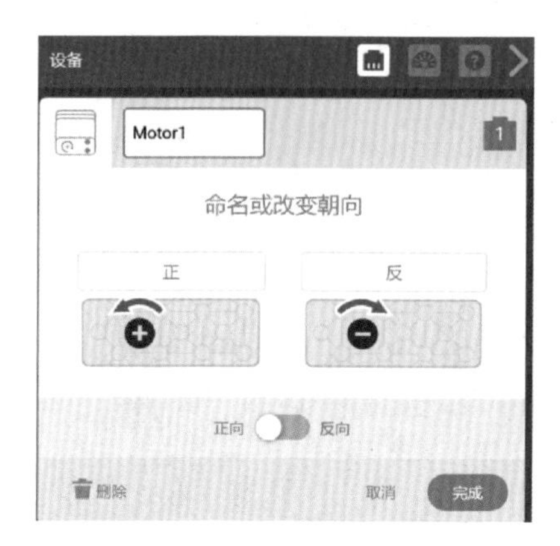

端口设置

④ 完成后硬件配置如下图所示。

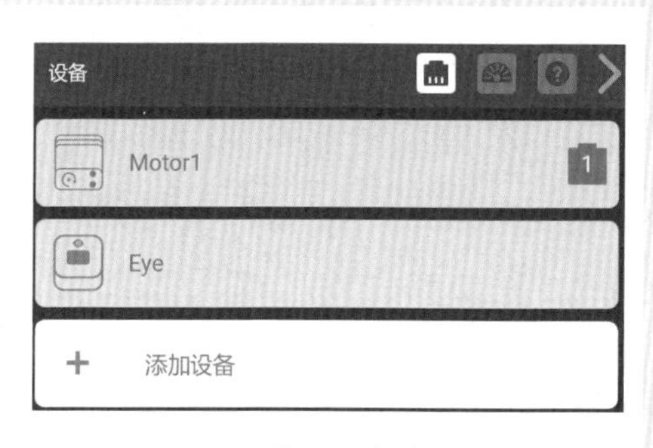

硬件配置完成

⑤ 程序示例：程序开始后，如果有人靠近书桌，那么书桌风扇开始启动，当人离开时，风扇自动停止。

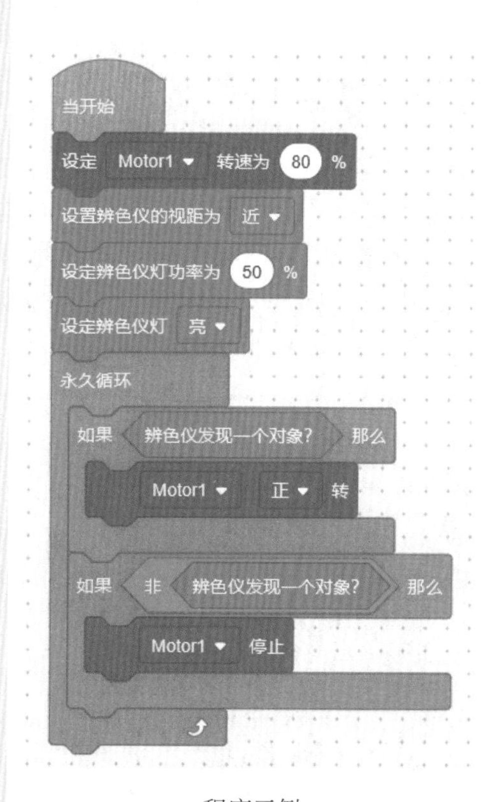

程序示例

{CODING KIDS}

第 5 章
VGOC 竞赛

机器人竞赛是我们学习机器人和编程一个重要的部分，伴随着学习的进行，主题竞赛不仅是学习成果的检验，也是激发孩子们兴趣和释放创意的过程。在这个过程中，孩子们开始了解工程、学习团队合作、接收批判性思维，迈出STEM教育学习第一步。

5.1 VGOC竞赛介绍

随着2021年VEX GO产品正式上市，从幼儿园到大学VEX机器人教育产品的整个生态体系形成，STEM教育学习也提前到了8岁之前。VEX GO教育机器人的竞赛也随之产生。

2021 ~ 2022年VEX GO挑战赛的竞赛主题是：“碟影重重”。

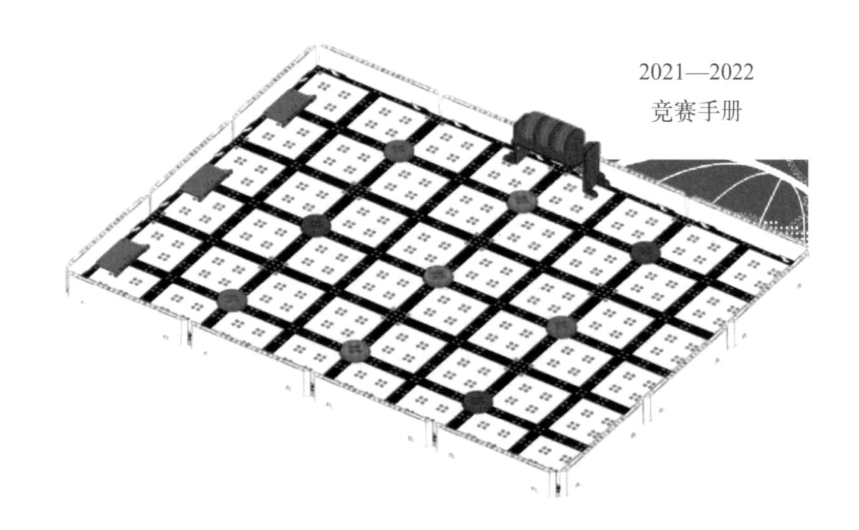

VGOC竞赛分为团队自动挑战赛和独立自动挑战赛。

自动挑战赛每局赛时60秒，由参赛队员预先编程，输入VEX GO机器人的控制指令控制，机器人除可以接收自身传感器的信息外，不能接收任何外部设备

的控制指令。

团队自动挑战赛由两支赛队组成联队，两队各有一台VEX GO机器人在赛场内协同作业，最后两队得分合计，作为本局联队得分分别记录到双方的资格赛分数中。获得决赛资格的队伍再按照规则组队进行决赛。

独立自动挑战赛由一支赛队一台VEX GO机器人在赛场内独立作业，每支赛队共有三次挑战机会，最好成绩计入独立自动挑战赛最终成绩。

5.2 竞赛规则

（1）竞赛场地

比赛场地大小为990.6mm×1295.4mm，包括以下几个要素：

- 地面得分区1个；
- 堆叠台3个；
- 奖励框1个；
- 机器人启动区2个；
- 钢芯碟18个，其中红绿蓝各6个（直径76.2mm，高度25.4mm），地面预先设置9个；奖励框预先设置9个。

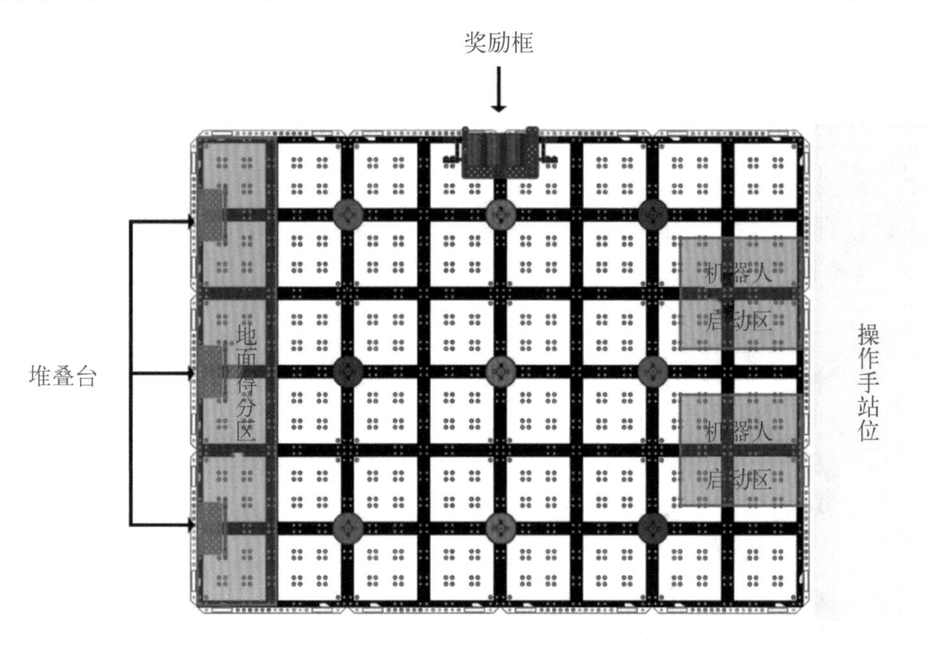

VGOC竞赛场地布置图

（2）竞赛机器人

VEX GO竞赛机器人需要遵守和满足以下要求。

① 合规的搭建零件

- VEX GO的零件；
- VEX IQ产品线的机械/结构零件；
- 赫宝机器人产品线的机械/结构零件。

② 合规的动力和控制

- VEX GO主控器；
- VEX GO电池；
- VEX GO电机（最多可使用4个）。

③ 合规尺寸

- 比赛启动前不能超出启动区（228.6mm×254mm），高度不超254mm；
- 赛局开始后，机器人水平展开尺寸要小于304.8mm，高度可以超过

254mm。

④ 合规队牌

官方队牌或合乎要求的自制队牌（允许3D打印），尺寸101.6mm×25.4mm，厚度不得超过6.35mm。

⑤ 合规的机器人启动

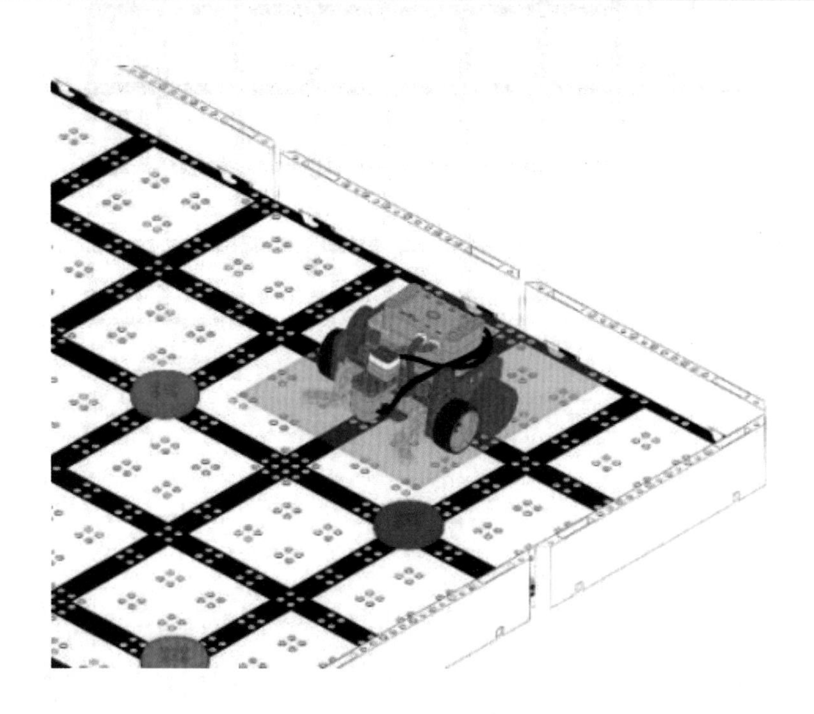

（3）计分规则

每个赛局计时一分钟结束，根据每个磁碟结束时的位置计分。

- 地面得分区的磁碟：1分。
- 堆叠台非同色堆叠：5分。
- 堆叠台同色堆叠：10分。
- 奖励框释放：20分。

奖励框释放之前，机器人不得取走奖励框上的磁碟。

5.3 VEX GO竞赛车型Ⅰ

(1)组成

Ⅰ型VEX GO机器人主要由底盘、手臂以及动力控制组成。

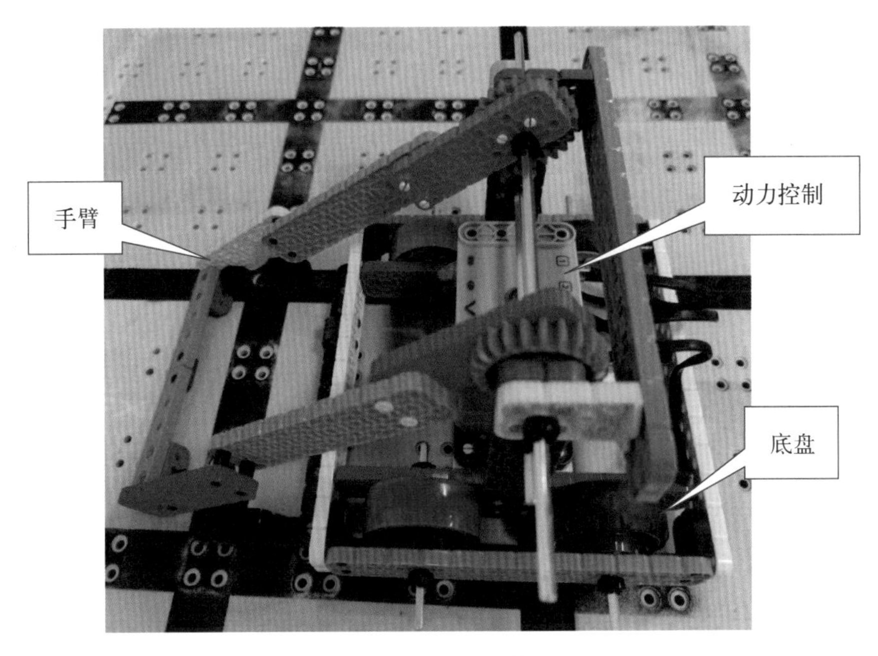

Ⅰ型VEX GO机器人

① 底盘功能

- 完成机器人自身在场地的移动及定位，包括前进、后退及转向；
- 完成磁碟最后的堆叠。

② 手臂功能

- 磁碟的捡取和移动；
- 奖励框释放。

③ 动力控制

- 程序代码完成控制策略，实现机器人的综合协调。

（2）VEXcode GO配置

底盘左电机对应端口4，右电机对应端口1，手臂电机对应端口3。

VEXcode GO配置

电机方向设置如下图所示。

电机方向设置

（3）策略及程序代码

① 三同色堆叠策略

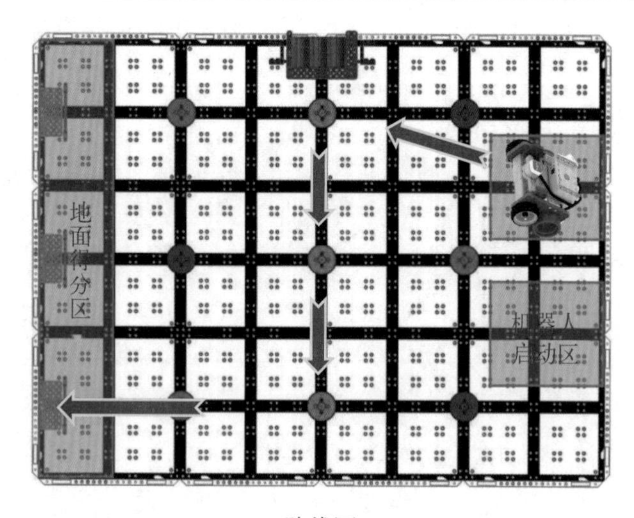

路线图

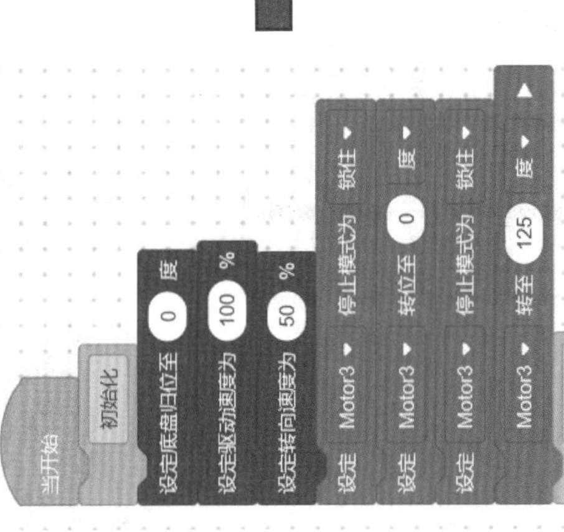
当开始
初始化
设定底盘归位至 0 度
设定驱动速度为 100 %
设定转向速度为 50 %
设定 Motor3 停止模式为 锁住
设定 Motor3 转位至 0 度
设定 Motor3 停止模式为 锁住
Motor3 转至 125 度

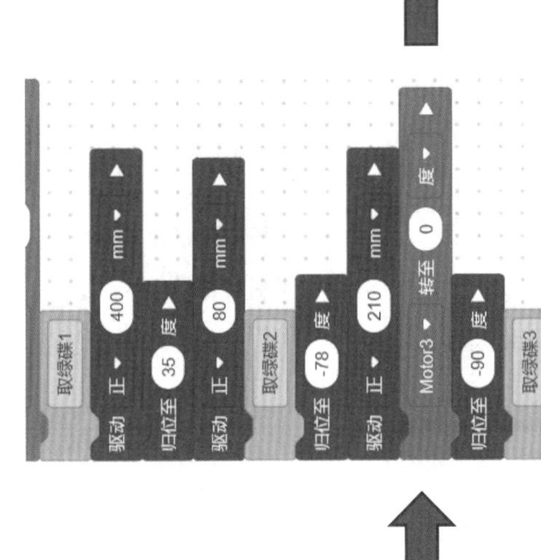
取绿碟1
驱动 正 400 mm
归位至 35 度
驱动 正 80 mm
取绿碟2
归位至 -78 度
驱动 正 210 mm
Motor3 转至 0 度
归位至 -90 度
取绿碟3
设定驱动速度为 85 %
设定驱动超时为 2 秒
驱动 正 320 mm
驱动 反 150 mm
归位至 -45 度

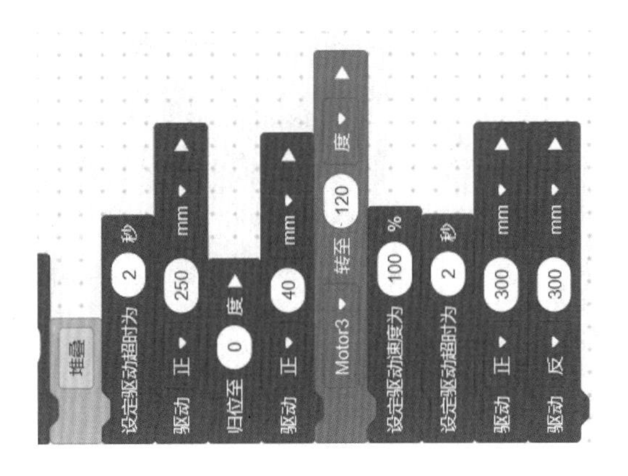
堆叠
设定驱动超时为 2 秒
驱动 正 250 mm
归位至 0 度
驱动 正 40 mm
Motor3 转至 120 度
设定驱动速度为 100 %
设定驱动超时为 2 秒
驱动 正 300 mm
驱动 反 300 mm

参考代码

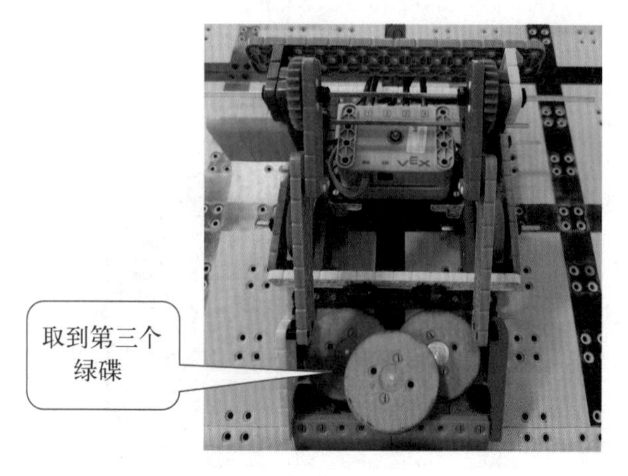

运行效果

② 两同色堆叠策略

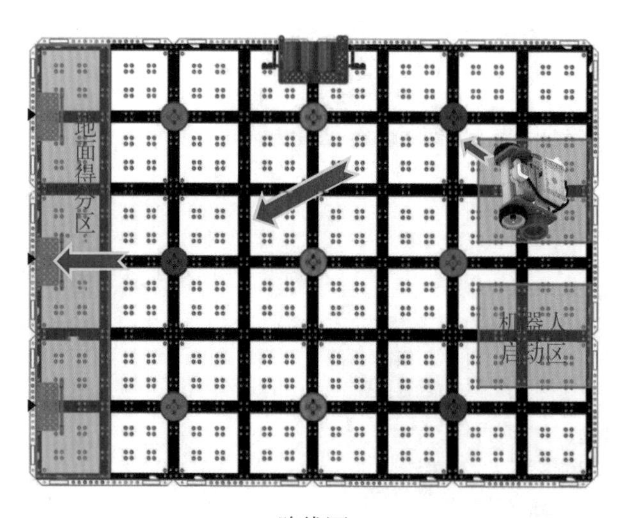

路线图

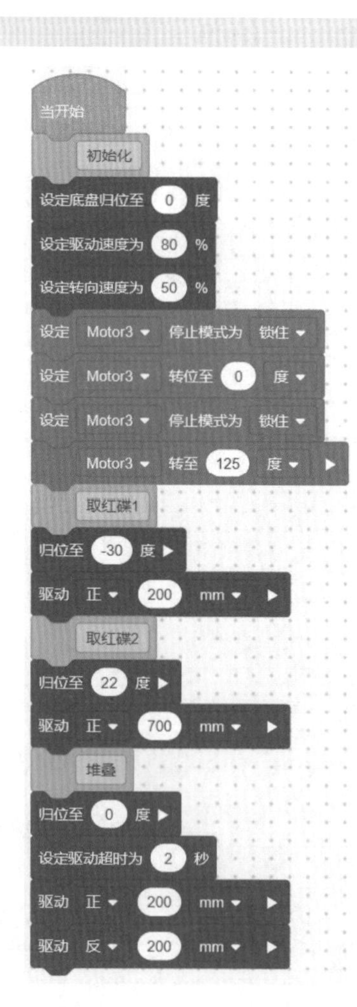

参考代码

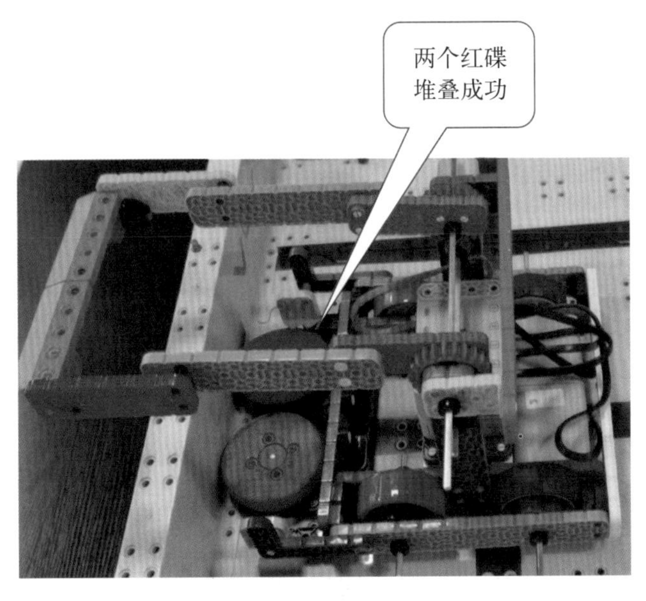

运行效果

③ 打翻奖励框

这段程序是接续在①②策略的基础上运行的。

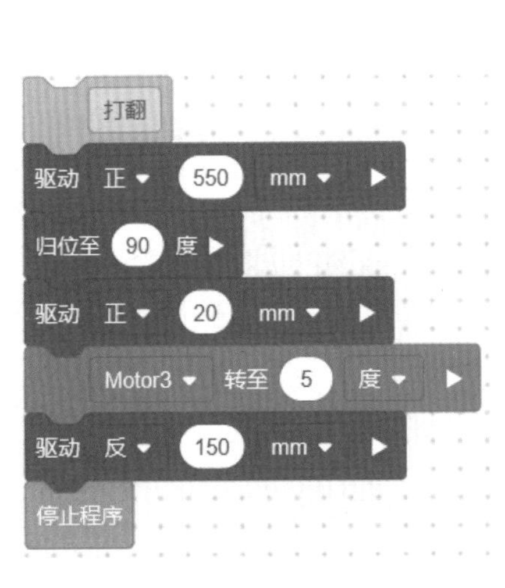

参考代码

运行效果

5.4 VEX GO竞赛车型Ⅱ

（1）组成

Ⅱ型VEX GO机器人主要由底盘、手臂、升降装置以及动力控制组成。

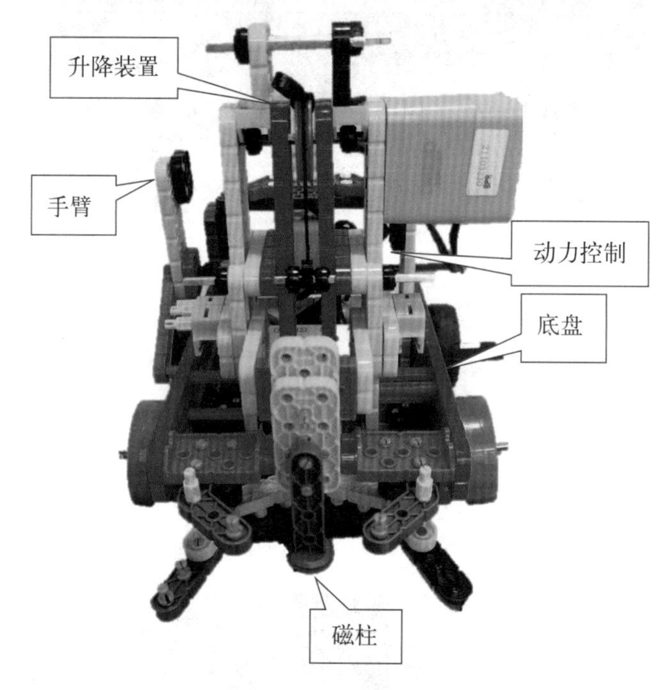

Ⅱ型VEX GO机器人

① 底盘功能

- 完成机器人自身在场地的移动及定位，包括前进、后退及转向；
- 帮助完成磁碟捡取。

② 升降装置功能

- 升降装置结合磁柱，完成磁碟的吸附和释放。

③ 手臂功能。

- 释放奖励框。

④ 动力控制

● 程序代码完成控制策略，实现机器人的综合协调。

（2）VEXcode GO配置

底盘左电机对应端口1，右电机对应端口4；手臂（shifang）电机对应端口2；升降（xi）电机对应端口3。

所有电机旋转方向为默认正向。

VEXcode GO 配置

（3）策略及程序代码

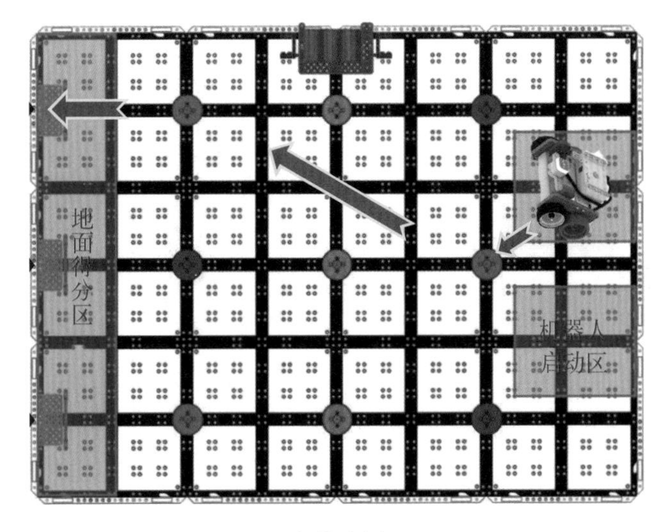

主线路图

当开始
初始化
设定驱动速度为 100 %
设定转向速度为 100 %
设定底盘归位至 0 度
设定 xi 停止模式为 刹车
设定 xi 转位至 0 度
设定 shifang 转位至 0 度
取盏1
归位至 30 度
驱动 正 200 mm
归位至 -21 度
xi 转至 90 度
取盏2
驱动 正 700 mm
归位至 0 度

参考代码（1）

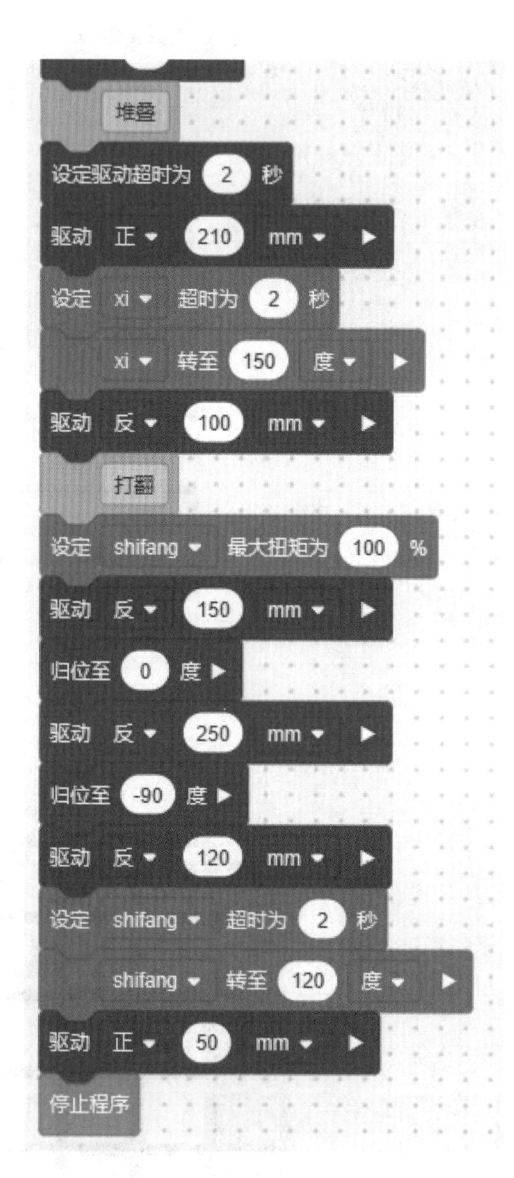

堆叠
设定驱动超时为 2 秒
驱动 正 210 mm
设定 xi 超时为 2 秒
xi 转至 150 度
驱动 反 100 mm
打翻
设定 shifang 最大扭矩为 100 %
驱动 反 150 mm
归位至 0 度
驱动 反 250 mm
归位至 -90 度
驱动 反 120 mm
设定 shifang 超时为 2 秒
shifang 转至 120 度
驱动 正 50 mm
停止程序

参考代码（2）

取第1个蓝碟

取到蓝碟

完成同色堆叠

运行效果